Perturbateurs endocriniens

Marine Jobert et François Veillerette

Perturbateurs endocriniens

La menace invisible

Préface de Nicolas Hulot

Dans le vif

BUCHET • CHASTEL

Merci à Françoise Fontaine et aux Perles de l'espace, à Calissia Havard, Stéphane Horel et Yannick Vicaire pour leur relecture bienveillante,

M.J.

Merci à Peter Myers, à Georges Toutain et à Claude Aubert, à tous les collègues du réseau d'associations européennes qui travaillent sur les perturbateurs endocriniens,

F.V.

ISBN : 978-2-283-02817-9

À Theo Colborn.

À Fabrice.

M.J.

À l'étoile et à l'arc-en-ciel
qui illuminent mon ciel.

F.V.

SOMMAIRE

Préface 11

Avant-propos
à ce monde qui nous perturbe 13

I. Allô maman bobo 17

II. Voyage au pays des hormones 27

III. Une épidémie
de maladies chroniques 43

IV. Ils sont partout 59

V. Bisphénol A,
du biberon à la substitution ? 73

VI. Sommes-nous bien protégés ? 87

VII. Quelques conseils
pour se mettre à l'abri 101

Bibliographie 115

Les principaux perturbateurs
endocriniens connus 119

PRÉFACE

La santé est un enjeu universel. Elle est notre préoccupation quotidienne majeure et pourtant notre environnement – de notre alimentation à l'air que nous respirons ou aux objets que nous achetons – peut constituer un risque, voire un danger pour chacun d'entre nous. Comment concevoir que des produits, dont on suspecte qu'ils favorisent cancers, maladies chroniques ou retard de développement, soient utilisés au quotidien ? Comment l'imaginer dans une société où les études scientifiques sur les impacts sanitaires de ces substances sont censées être publiques et où le coût financier de la mauvaise santé d'une population est connu ? Impossible de s'y résoudre.

Les perturbateurs endocriniens font partie de ces substances chimiques qui sont préoccupantes. La prise de conscience progresse : pour preuve, l'interdiction en France du bisphénol A dans les contenants alimentaires à partir de 2015. Mais les perturbateurs endocriniens sont nombreux et le chantier est de taille. Or chaque décision tardive, chaque action remise à plus tard risque de constituer peu à peu une injure à l'avenir.

J'ai repris à mon compte cette formule saisie lors de différents entretiens, tant je pense qu'elle est cruciale : « Le XXe siècle fut le siècle de l'hygiène bactériologique, le XXIe doit immédiatement devenir celui de l'hygiène chimique. » À la clé, des millions de vies à sauver.

Il ne s'agit pas de susciter la peur, ni de vivre en dehors du monde. Au contraire ! Construisons et partageons un environnement sain, facteur essentiel d'une bonne santé accessible à tous. La première étape de ce projet commun réside dans la généralisation de l'information qui permettra au plus grand nombre de comprendre en quoi consiste notre cadre de vie. C'est ce à quoi cet ouvrage éclairant sur les perturbateurs endocriniens contribue, de manière très pédagogique. La seconde étape impliquera d'énergiques prises de décision et actions publiques. Ce passage à l'acte est essentiel pour notre santé à tous, pour le respect de la vie.

NICOLAS HULOT,
président de la Fondation Nicolas-Hulot
pour la nature et l'homme

AVANT-PROPOS À CE MONDE QUI NOUS PERTURBE

RÉSISTER

« Dans mon école, il y a une élève de CM2 qui est régulièrement prise pour la maîtresse », me raconte, il y a quelques années, une amie, institutrice en primaire. Une gamine de 10 ans, que l'on confondrait avec une professeure des écoles avec au moins cinq années d'études supérieures derrière elle ? Je n'y crois pas, cela me paraît presque absurde. « Tu sais, elles font leur puberté de plus en plus tôt maintenant », m'explique t elle alors, sans paraître étonnée. « Et puis je les trouve de plus en plus rondes », ajoute-t-elle. La discussion glisse vers sa maman qui, comme tant et tant de nos mères, se bat contre un cancer du sein. Cette conversation me sort de la tête. Et puis, un jour, je suis enceinte.

Je repense alors à un livre, dans ma bibliothèque. Sur la couverture, des spermatozoïdes se baladent sur un fond bleu. Il y est question de produits chimiques mauvais pour les bébés, le genre de sujet qu'on n'a pas très envie de creuser en temps « normal », parce qu'on sait confusément que ce sont des nouvelles terribles. Mais maintenant que j'attends un enfant, je VEUX savoir ! *L'Homme en voie de disparition ?* de Theo Colborn, le premier ouvrage jamais écrit sur les perturbateurs endocriniens, va me prendre à la gorge. Soyons honnêtes : après l'avoir lu, j'ai fait des cauchemars pendant plusieurs semaines. Apprendre que des molécules chimiques, présentes partout, menaçaient celui qui m'était déjà le plus précieux des êtres, était insupportable. Je me suis mise à scruter tous mes (mauvais) comportements. Jamais assez… Jamais correctement… J'étais désemparée, affreusement triste et très en colère devant mon impuissance.

Un matin, j'ai recroisé mon amie institutrice. Et j'ai repensé à son élève poussée trop vite en graine. À ces gamines trop en chair. À sa maman si malade. Et j'ai compris que moi, vous, tout le monde était pris dans une même tourmente chimique qui nous détraquait. Et qu'il ne fallait pas se résigner à cet empoisonnement, mais résister, avec ses moyens, à son échelle.

Les perturbateurs endocriniens, avant de potentiellement bouleverser mon corps et celui de mon enfant, ont bouleversé ma perception du monde. Sans devenir méfiante, j'ai appris à me méfier. Me méfier des étiquettes à rallonge et des ingrédients incompréhensibles des gels douche. Des canards jaunes du bain et des boîtes en plastique de la cuisine. De la belle pomme sans défaut et de l'eau du robinet. J'appelle ça l'« hygiène chimique » et cela consiste surtout à s'abstenir. À renoncer, sans regret, à tout un tas de produits qui me semblaient si « nécessaires » la veille encore.

Oui, j'ai perdu en insouciance. Car j'ai compris que ceux qui nous gouvernent ont abandonné notre santé aux mains d'industriels dont le métier n'est pas de nous protéger. Oui, mon regard sur la marche du monde s'est modifié. Car j'ai compris que la science qui nous ouvre tant de portes peut aussi nous empoisonner intimement. Mais j'ai énormément gagné en lucidité, en courage et en liberté. J'espère que ce livre, passé la sidération, aidera ses lecteurs à agir. Et à résister.

MARINE JOBERT

LIS CE LIVRE !

« Lis ce livre ! C'est incroyable ce que tu vas découvrir de l'impact des produits chimiques sur le système hormonal ! » Celui qui me parle ainsi, un jour de 1997, brandissant devant moi la version française du livre de Theo Colborn, *L'Homme en voie de disparition ?* c'est mon mentor Georges Toutain. Un agronome à la fibre très écolo, avec qui j'ai fondé l'association Générations futures [1] l'année précédente. Un livre essentiel, dont les enjeux vont passer bien au-dessus de la tête de la quasi-totalité de la population et des politiques. Mais pour Georges et moi, ce sera un vrai choc. Car fonder une association qui se bat pour les générations à venir et découvrir que leur avenir pourrait bien être menacé par une myriade de substances chimiques pouvant compromettre

1. À l'époque, l'association s'appelait MDRGF : Mouvement pour les droits et le respect des générations futures.

leur capacité à se reproduire, c'est bouleversant ! Ce livre marque un tournant essentiel dans ma vie de militant. La cause des perturbateurs endocriniens ne va plus me quitter.

En 2002, je publie un premier livre sur les pesticides, dans lequel j'évoque les perturbateurs endocriniens. En 2007, j'amène, avec d'autres, la question des perturbateurs endocriniens à la table du Grenelle de l'environnement. En 2009, je milite pour que l'Europe prévoie l'exclusion des pesticides ayant des effets de perturbation endocrinienne : une première dans l'arsenal législatif communautaire. En 2011, Marine Jobert et moi écrivons le premier livre français sur les gaz de schiste ; il y est encore question de perturbateurs endocriniens, puisque des produits utilisés pour la fracturation hydraulique en contiennent. En 2013, je collabore à la stratégie nationale sur les perturbateurs endocriniens, avec l'espoir que les positions françaises fassent école en Europe.

Avec ce livre, j'ai l'impression d'être au cœur de ce sujet à la fois fascinant et effrayant. Vous qui l'ouvrez, je vous invite à découvrir les questions que Marine et moi nous sommes posées... et les réponses que chacun peut essayer d'apporter pour gagner ce défi de santé publique !

FRANÇOIS VEILLERETTE

CHAPITRE I

ALLÔ MAMAN BOBO

Ils sont dix. Dix petits Américains, tout juste sortis de l'œuf. Nous sommes en 2005 et ces dix bébés vont provoquer, à leur insu, un véritable cataclysme. Car les scientifiques qui prélèvent quelques gouttes du sang de leur cordon ombilical, à la recherche de substances chimiques, font une découverte effarante : les corps de ces nouveau-nés renferment au total 287 molécules différentes. Et parmi elles, des poisons comme le plomb, le mercure, les polychlorobiphényles (PCB), des retardateurs de flammes bromés, le bisphénol A et des phtalates. Des substances qui causent le cancer, endommagent le système nerveux ou sont responsables de malformations chez le fœtus. Ces toxiques ont été arrachés aux meubles de la maison, vaporisés par les tracteurs, diffusés par les cheminées des usines, ils se sont échappés des textiles et faufilés hors des dentifrices et des crèmes de beauté. Respirés, mangés et bus par les futures mères, ils sont pour la plupart considérés comme de redoutables perturbateurs du système hormonal. Ces substances ont emprunté la même voie que les nutriments et l'oxygène qui donnent vie et force au bébé. Par le chemin du cordon ombilical, elles ont pénétré dans le petit d'homme en train de se construire. Sans qu'on les voie et sans qu'on nous le dise.

C'est un choc. Car (presque) personne n'avait jusqu'à présent pris la mesure de la contamination en cours. Certes, le placenta est un filtre efficace contre des virus et des bactéries, mais une vraie passoire face à l'alcool et aux drogues – les femmes enceintes se le font assez rappeler –, face à certaines maladies (SIDA, rubéole, toxoplasmose), à quantité de polluants et aux médicaments. Le mythe de la « barrière placentaire » a volé en éclats dans les années 1950, quand un médicament prescrit aux femmes enceintes pour apaiser les nausées du matin et les insomnies, va provoquer la naissance d'enfants difformes. Le thalidomide – c'est son nom – se révèle être un puissant tératogène, c'est-à-dire une molécule qui perturbe le développement du fœtus. Quelque 12 000 bébés dont la mère avait pris le médicament entre la 5e et la 8e semaine de grossesse virent le jour avec des membres atrophiés, avant que le thalidomide soit enfin interdit dans une cinquantaine de pays.

CENT SOIXANTE-TROIS MOLÉCULES

La contamination actuelle est tout aussi terrible, mais beaucoup moins visible. Elle prend des détours que personne – et pas même les femmes enceintes, pourtant tout à leur désir de protéger leur petit – ne peut complètement deviner.

Combien de molécules synthétiques contient notre corps ? 10, 50, 100, 200, 500 ? Pour en avoir le cœur net, des scientifiques américains ont analysé, en 2011, le sang et les urines de 268 femmes enceintes : ils y ont trouvé 163 composés chimiques différents. L'imprégnation est généralisée, puisque certains produits – dont des pesticides et des phtalates – ont été retrouvés chez quasi 100 % d'entre elles. Certains étaient interdits depuis des années. Les femmes enceintes sont-elles davantage contaminées que la population générale ? Non, mais le fœtus est très sensible et sa toute petite corpulence le rend encore plus vulnérable aux polluants. Et les effets ne se font pas attendre…

BÉBÉS CHIMIQUEMENT MODIFIÉS

Car cette même année 2011 des scientifiques de l'Institut national de la santé et de la recherche médicale (INSERM) de Grenoble démontrent que, selon les produits chimiques présents dans le corps de la mère, les nouveau-nés risquent d'avoir un poids de naissance et un périmètre crânien plus faibles ou plus élevés que la moyenne. En 2014, des chercheurs français et américains issus des organismes les plus réputés analysent les urines de femmes enceintes et observent la croissance de leurs petits garçons. Le constat est alarmant. Ils décèlent dans les urines maternelles des parabènes, du triclosan, de la benzophénone-3, des dichlorophénols et du bisphénol A. Autant de composés délétères pour le système hormonal des fœtus et que l'on trouve pourtant dans le dentifrice, le savon, les crèmes solaires, les désodorisants d'intérieur ou les canettes de soda. Sur les neuf molécules testées, au moins six sont présentes dans 93 % des échantillons d'urine prélevés pendant la grossesse. Inquiétant, car le triclosan est suspecté de réduire la taille des bébés à la naissance. Les parabènes, eux, favoriseraient la naissance d'enfants qui, plus gros que la moyenne, le demeureraient à l'âge de 3 ans. « Ces composés interagissent avec des systèmes hormonaux impliqués dans la croissance et le gain de poids », concluent les chercheurs.

Sentinelles du désordre chimique ambiant, les premiers êtres vivants à montrer des signes de mauvaise santé sont les animaux. Placés en première ligne, ils sont frappés depuis le début des années 1940 par de bien étranges phénomènes…

L'AIGLE DÉVISSE

Ainsi du pygargue à tête blanche, cet aigle majestueux qui figure sur le sceau du président américain. Dans les années 1950, il manque de disparaître, alors qu'il nichait sur tout le continent nord-américain quelques décennies auparavant. Certes, son habitat a pâti de la présence envahissante de l'homme ; certes, la chasse illégale et l'électrocution sur les lignes à haute tension peuvent en partie expliquer cet effondrement. Mais c'est surtout son appétence pour les poissons des Grands Lacs américains, aux eaux extrêmement polluées, qui va causer sa perte. Polluées par quoi ? Notamment par le DDT. En 1962, la biologiste Rachel Carson dénonce, dans son livre *Printemps silencieux*, les ravages des pesticides sur la faune et, en particulier, sur les oiseaux. Parmi les produits mis en accusation, le fameux DDT, massivement adopté en agriculture et qui ruisselle allègrement dans les cours d'eau. Or, l'aigle américain, situé au sommet de la chaîne alimentaire, se délecte de truites et de saumons farcis de ce produit cancérigène et reprotoxique. Il n'en meurt pas, non ; mais sa reproduction se met à vaciller. Et ce dès le début du processus, puisque les aigles ne montrent plus d'intérêt pour « la chose ». Et quand accouplement il y a, les coquilles des œufs sont tellement friables que, dans le nid, les mères les écrasent de leur poids. La charge de Carson contre le DDT aboutit, dix ans plus tard, à son interdiction aux États-Unis. Dans les années qui suivent, les populations d'aigles américains recommencent à croître pour dépasser les 100 000 individus en 1980.

OISEAUX « HOMOSEXUELS » ET PETITS ZIZIS

Autre exemple, toujours chez les oiseaux. Dans les années 1970, des chercheurs constatent que certains nids de goélands argentés, qui affectionnent aussi les rives des Grands Lacs américains, contiennent deux fois plus d'œufs que la normale et que deux femelles y nichent. Cette « colocation » est induite par le manque de mâles ; ceux-ci s'accouplent plus difficilement ou, pire encore, sont frappés d'anomalies génitales les empêchant de se reproduire. Pas de mâle actif, pas de portée : les œufs non fécondés ne donnent naissance à aucun oisillon.

Petit détour, enfin, du côté du lac Apopka, en Floride, l'un des plus pollués de l'État, où convergent pesticides agricoles et rejets domestiques. En 1980, un mélange de dicofol – un insecticide organochloré – et de DDT y est déversé accidentellement : 90 % de l'abondante population d'alligators dépérit aussitôt. Dix ans plus tard, et alors que les analyses montrent que l'eau est « propre », à peine 18 % des œufs d'alligators éclosent. Les survivants ont une durée de vie fort courte : la moitié meurt dans les dix jours. L'empoisonnement de 1980 aurait-il encore des effets dix ou vingt ans plus tard ? Une bombe à retardement battrait-elle la mesure dans l'organisme des descendants ? Dernière étrangeté : environ 60 % des alligators mâles ont un pénis atrophié. Quelques prises de sang permettent d'établir que la concentration de testostérone de ces reptiles est plus basse que la normale.

THEO COLBORN, LA PIONNIÈRE

À la fin des années 1980, les études alarmantes sur la reproduction des animaux s'accumulent alors, les biologistes s'affolent, mais aucune thèse concluante n'émerge. Une femme va se jeter à corps perdu dans la résolution de cette énigme. Elle s'appelle Theo Colborn. Aussi frêle par sa constitution que déterminée dans ses recherches, cette zoologiste américaine a une cinquantaine d'années quand lui est confiée l'étude des effets cancérigènes des polluants sur la faune sauvage dans la région des Grands Lacs américains. Le cancer focalise alors l'attention du milieu scientifique. Mais Theo Colborn a beau lire et relire les piles d'études qui envahissent son bureau, les faits sont têtus : ni la faune sauvage ni les humains qui vivent autour de ces cinq vastes étendues d'eau, à cheval entre les États-Unis et le Canada, ne sont particulièrement touchés par le cancer. Pourtant, quelque chose ne colle pas. Et personne n'a encore pris la peine de relier les fils entre les malformations et les pollutions, d'émettre des hypothèses sur les liens entre les chutes de populations et la présence de certaines molécules chimiques.

C'est Theo Colborn qui va comprendre que « notre sort est lié à celui des animaux », comme l'écrivait Rachel Carson en 1962. Peu à peu, à force de décortiquer les centaines d'analyses, rapports et comptes rendus d'observations, émerge une évidence. Cette piste, qu'elle ne lâchera plus, s'appelle « dérèglement du système hormonal ». La suite est racontée par John Peterson Myers, un biologiste diplômé de l'université de Berkeley, qui va jouer un rôle essentiel dans l'aventure. « Ce que Theo Colborn a appris de ces recherches, c'est que le cancer n'était pas rare, mais que le vrai sujet, c'étaient les désordres hormonaux. Elle a rassemblé des informations provenant de nombreuses sources et synthétisé pour la première fois l'idée que certains produits chimiques – et nous n'avions à l'époque aucune idée du nombre de ces produits chimiques – étaient capables d'interférer avec la manière dont les hormones agissaient. »

En juillet 1991, les deux compères prennent une décision qui va se révéler historique pour la suite. Ils rassemblent dans le centre de conférences de Wingspread, dans la petite ville de Racine, dans le Wisconsin, une vingtaine de spécialistes – des toxicologues, des zoologistes, des anthropologues, des biologistes, des endocrinologues – qui, chacun dans leur discipline, vont apporter une pièce du puzzle. Au menu des trois jours de ce séminaire, un thème encore presque inconnu : « Les altérations du développement sexuel provoquées par la chimie : la connexion entre l'homme et la faune. » Fred Vom Saal, biologiste danois et spécialiste des hormones, s'en souvient comme si c'était hier : « Tout le monde était sous le choc... Cela n'arrive pas très souvent que votre façon de voir les choses change totalement en un temps aussi court. Wingspread a été un véritable tournant. » Car ces scientifiques vont faire émerger un concept totalement neuf et qui mettra de (trop) longues années à s'imposer à toute la communauté scientifique. Pour le désigner, ils forgent une expression absolument nouvelle : celle de « perturbateurs endocriniens » ou « *endocrine disruptors* » en anglais.

Que se passe-t-il exactement ? « Un grand nombre de produits chimiques de synthèse libérés dans la nature, ainsi que quelques composés naturels, sont capables de dérégler le système endocrinien des animaux, y compris celui de l'homme », écrivent-ils dans une déclaration commune. « Les concentrations de plusieurs perturbateurs des hormones sexuelles mesurées dans la population américaine actuelle correspondent aux doses qui provoquent des effets chez les animaux sauvages », préviennent-ils. Et ils proclament, prophétiques : « À moins que la contamination de l'environnement par les perturbateurs hormonaux ne soit rapidement contrôlée et réduite, des dysfonctionnements généralisés à l'échelle de la population sont possibles. Les dangers potentiels, tant pour les animaux que pour l'homme, sont nombreux, en raison de la probabilité d'une exposition répétée ou constante à de nombreux produits chimiques connus pour dérégler le système endocrinien. » Nous sommes en 1991 et, même si des incertitudes scientifiques subsistent encore, l'essentiel est dit : il est probable que l'espèce humaine entière soit, comme la faune, menacée par des produits chimiques présents partout.

CHAPITRE II

VOYAGE AU PAYS DES HORMONES

Parce qu'il était cancérigène, il a d'abord été interdit. Parce qu'il pouvait se révéler très lucratif, il a finalement été autorisé. L'histoire du distilbène est un précipité de négligence, d'arrogance et d'indifférence.

Le diéthylstilbestrol (DES aux États-Unis et distilbène en France) est une hormone de synthèse qui mime ces hormones féminines appelées œstrogènes [1]. À peine inventée en 1938 aux États-Unis, la molécule est prohibée par les autorités américaines, car le fabricant ne parvient pas à démontrer son innocuité pour les femmes ménopausées à qui elle est destinée. Une mise en œuvre du principe de précaution qui cède vite sous les coups de boutoir de l'industrie : en 1941, le distilbène est autorisé pour « soigner » la ménopause d'abord, puis pour lutter contre les fausses couches à partir de 1947. Car un couple de chercheurs américains a remarqué que les femmes

1. Les œstrogènes sont des hormones naturelles, sécrétées essentiellement par les ovaires, qui assurent la formation, le maintien et le fonctionnement des organes génitaux et des seins chez la femme.

qui avortent spontanément présentent un faible taux d'œstrogènes. Donnons-leur des œstrogènes de synthèse ! proposent-ils. Le filon est porteur : quelque 287 entreprises américaines produiront, à un moment ou à un autre, la molécule « miracle ».

DES EFFETS SUR UNE, DEUX, TROIS… GÉNÉRATIONS

Cet emballement industriel n'empêche pas des chercheurs consciencieux de se pencher sur la molécule. Entre 1949 et 1952, une étude est menée sur 840 femmes traitées au distilbène : elle montre que les mères prenant ces pilules font deux fois plus de fausses couches que celles auxquelles on administre un placebo. Elles souffrent davantage d'hypertension et leurs bébés sont en moyenne plus petits que les autres. Branle-bas de combat ? Pas du tout. L'étude, malgré sa rigueur méthodologique, prend la poussière dans un tiroir, dont elle ne sera exhumée qu'en 1978. Quand il est trop tard.

Pendant presque vingt-cinq ans aux États-Unis et trente ans en France – pour n'évoquer que ces deux pays –, des centaines de milliers de femmes vont croquer religieusement ces pilules. En France, 200 000 femmes enceintes ont probablement été traitées. Au plan mondial, elles seraient entre 2 et 12 millions, sans plus de précision. La molécule sera interdite en 1971 aux États-Unis et en 1977 en France. Soit à peu près à l'époque où l'on découvrira que le distilbène sème la pagaille à cet instant décisif où le fœtus devient garçon ou fille. Avec des conséquences invisibles dans les premiers temps.

Car ce ne sont pas les mères qui ont pris le médicament qui sont touchées, mais leur descendance, et ce bien des années plus tard. Les filles souffrent d'anomalies anatomiques des voies génitales et de troubles de la fertilité. Elles ont un risque plus élevé de développer un cancer du vagin et du sein que les femmes dont les mères n'ont pas été exposées. À la naissance, les fils ont des risques accrus d'hypospadias (l'urètre ne se forme pas à l'extrémité du pénis) et de cryptorchidie (les testicules ne sont pas descendus dans les bourses), ainsi que d'atrésie de l'œsophage (une malformation du tube digestif).

Plus de quarante-cinq ans après la vente de la dernière boîte de distilbène, les filles des premières consommatrices bénéficient toujours d'un congé maternité aménagé, en raison du risque de grande prématurité pour leurs enfants, qui provoque un nombre élevé d'infirmes moteurs cérébraux.

Comment est-ce possible ? Comment une molécule peut-elle continuer à agir chez des personnes qui ne l'ont pas ingérée elles-mêmes, et ce tant d'années après ? La question est loin d'être réglée sur le plan scientifique, mais, pour mieux comprendre la complexité du dossier, il faut en revenir au point de départ. Ce point de départ s'appelle le système endocrinien.

Imaginez le système endocrinien comme un orchestre philharmonique. Dans cet orchestre, chaque glande peut jouer sa partition en solo, ou au contraire mêler sa voix à celle des autres. Mais elles ont chacune des missions bien précises.

Les testicules – les glandes reproductrices masculines – sécrètent la testostérone qui fait apparaître les caractéristiques sexuelles masculines (poils, voix, organes génitaux, etc.), influence la production des spermatozoïdes et gouverne la libido. Les ovaires – les glandes reproductrices féminines – produisent des œstrogènes qui agissent sur la croissance, le système nerveux central, les fonctions de reproduction, les tissus, les os, les vaisseaux sanguins et le foie. Ils sont également responsables de l'apparition des caractères sexuels féminins (comme la formation des seins), jouent un rôle clé dans le cycle menstruel et sécrètent aussi la progestérone qui assure le bon déroulement de la grossesse.

Les glandes surrénales – placées au sommet des reins – gèrent les situations de stress en produisant de l'adrénaline et du cortisol. Elles régulent également la concentration de minéraux dans le sang. Ce sont des glandes vitales.

Les reins, qui sont des organes et non des glandes, régularisent la pression artérielle et participent à la transformation du calcium. Le pancréas – caché derrière l'estomac, dans l'abdomen – a pour double mission de sécréter des enzymes digestives et de réguler le taux de sucre dans le sang.

Le thymus, au-dessus du cœur, joue un rôle central dans la mise en place du système immunitaire chez l'enfant et la régulation des rythmes biologiques.

La thyroïde – située sur le devant du cou – entre en jeu dans le métabolisme des graisses, des sucres et des protéines, mais aussi dans le développement du cerveau.

L'hypophyse – située dans le crâne, en arrière du nez – va diriger cette machinerie complexe, fragile et subtile, qui irrigue en permanence tout notre corps d'un cocktail d'hormones. C'est elle qui entretient un dialogue direct et incessant avec (presque) toutes les autres glandes. Par un trait hormonal bien ajusté, elle les informe : à quelle intensité jouer, quand donner de la voix et à quel moment se taire. Car toutes ces glandes – dites endocrines – ont la délicate tâche de jouer la musique chimique de notre organisme, en sécrétant les hormones qui vont, *via* le sang, transmettre des ordres aux cellules, aux tissus et aux organes.

Mais le vrai chef d'orchestre, celui qui supervise ce va-et-vient chimique et ordonne l'organisme pour que nous puissions dormir, digérer, respirer, fuir, grandir ou encore procréer dans de bonnes conditions, c'est l'hypothalamus. C'est lui le vrai thermostat endocrinien, qui dose en permanence les hormones qui circulent dans le sang et envoie des correctifs à l'hypophyse, à qui il sous-traite la conversation directe avec les autres glandes.

Le système endocrinien est par obligation un édifice extrêmement stable, qui n'a pour ainsi dire

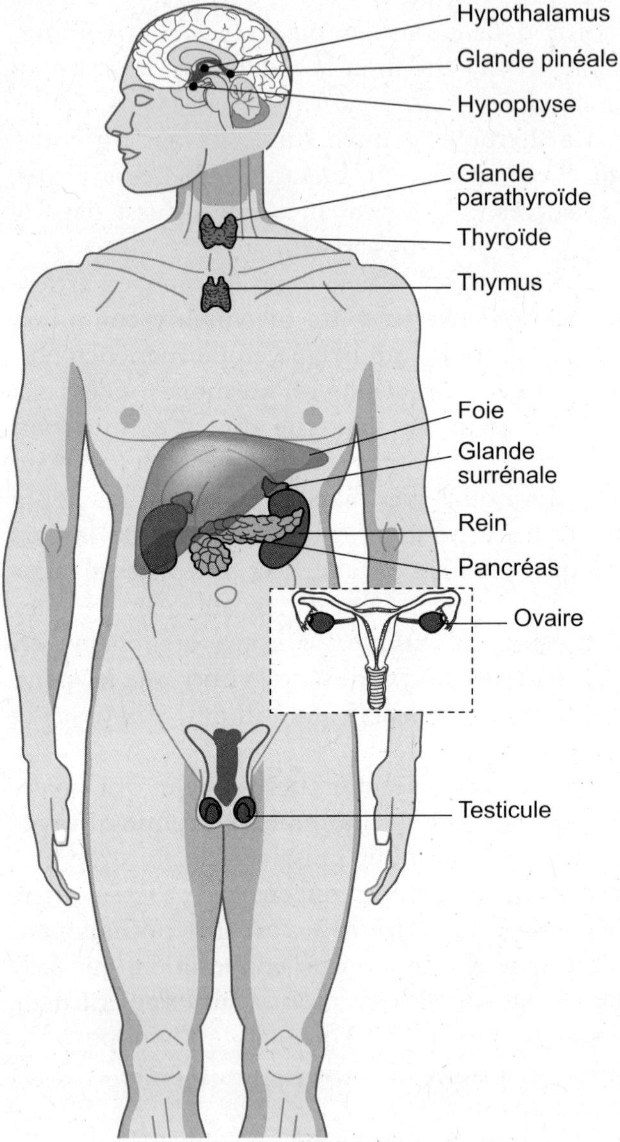

Les glandes endocrines dans le corps humain.

pas évolué depuis des millions d'années, et dont nous partageons l'essentiel avec d'autres espèces. Tortue, souris, être humain : nous avons tous à peu près les mêmes hormones !

L'INTRANET HORMONAL

Parfois vitales, le plus souvent indispensables, près de cinquante hormones différentes irriguent le corps et le commandent. « C'est un système intégré : tous ces organes fonctionnent ensemble et entretiennent une conversation permanente, *via* les messagers au sens large que sont les hormones et *via* le système nerveux, pour faire vivre l'ensemble qu'est l'organisme », détaille le professeur Jacques Young, endocrinologue, professeur des universités et praticien hospitalier au CHU de Bicêtre.

Sans trop simplifier, on peut comparer les hormones à des clés et les récepteurs, à l'intérieur des cellules, à des serrures. « Je préfère l'image de la clé électronique, car cette dernière est programmée », précise le professeur Young, qui ajoute : « La serrure ne fonctionnera qu'avec cette clé-là : c'est ce qu'on appelle la spécificité du signal. » Une fois que les hormones se retrouvent devant les bonnes cellules, elles doivent montrer patte blanche. S'identifier, en quelque sorte. Si elles n'émettent pas le code nécessaire, la cellule ne débloque pas sa serrure et n'ouvre pas sa porte. En revanche, quand tout se passe bien, l'hormone et le récepteur s'adaptent l'une à l'autre, et cette « liaison » provoque une réaction adaptée dans la cellule.

C'est précisément là où le bât blesse. Certains des imposteurs hormonaux, substances synthétiques, imitent si bien la structure chimique des hormones naturelles que le corps n'y voit que du feu et les confond ! Elles parviennent donc à leurrer le récepteur et à pénétrer dans la cellule, troublant son fonctionnement normal. Comme le notait Theo Colborn en 1996, « dans les manuels d'endocrinologie, on trouve encore des affirmations catégoriques selon lesquelles les récepteurs sont hautement sélectifs à l'égard de la structure chimique et ne se lient qu'à l'hormone prévue ou à une molécule très semblable ». Mais c'est faux. En effet, poursuivait-elle, « les chercheurs se sont aperçus que les récepteurs œstrogéniques se lient avec des molécules très différentes de structures : la serrure hormonale peut être ouverte avec des outils qui ressemblent autant aux œstrogènes naturels qu'un marteau à une clé ». Pourquoi les récepteurs se laissent-ils abuser aussi grossièrement ? Cela reste encore confus [1]. Les conséquences sur la réponse des récepteurs et des cellules sont en revanche très bien cernées.

Une substance chimique peut perturber le fonctionnement endocrinien de trois façons :

1. Il existe deux catégories d'hormones. Les hormones peptidiques (ou protéiques) et les hormones stéroïdiennes. Les premières semblent ne pas être concernées par les « leurres » chimiques. Ce sont les secondes qui sont « mimées » par les perturbateurs endocriniens.

– elle peut imiter l'action d'une hormone naturelle, en se fixant sur le récepteur et en entraînant une réponse en apparence normale ;

– elle peut se lier au récepteur hormonal et empêcher la cellule de réagir : elle entrave alors l'action de l'hormone ;

– elle peut gêner ou bloquer les mécanismes de production ou de régulation des hormones ou des récepteurs et ainsi modifier les concentrations d'hormones naturellement présentes dans l'organisme.

Les perturbateurs endocriniens n'altèrent ou ne détruisent pas directement les cellules. Mais ils leur font « ouvrir la porte à n'importe qui », ce qui perturbe gravement la bonne marche du corps.

La mort de Paracelse

Paracelse, médecin suisse du XVIe siècle, fut à la fois astronome, alchimiste et précurseur de l'homéopathie. Dans le domaine de la toxicologie, nous lui devons un principe qui a résisté au temps : « Toutes les choses sont poison, et rien n'est sans poison ; seule la dose détermine ce qui n'est pas un poison. » Autrement dit, c'est la dose qui fait le poison.

Deux idées simples découlent de ce principe. D'une part, plus la dose est importante, plus son effet est grand : l'effet est dit proportionnel à la dose. Ainsi, une petite dose de monoxyde de carbone peut causer un état de somnolence, alors qu'une forte dose pourrait provoquer la mort. D'autre part, il existerait des doses en dessous desquelles aucune toxicité ne serait observée.

C'est sur ces préceptes que, jusqu'à aujourd'hui, s'est reposée la toxicologie. Des préceptes qui se révèlent – hélas – en partie faux : tout dépend du produit considéré. Car on constate de plus en plus souvent des effets appelés « non monotones ». Cela signifie que certaines molécules peuvent avoir des effets plus importants à petites doses qu'à des concentrations plus fortes. Par ailleurs, ces « faibles doses » peuvent avoir des effets très importants tout à fait insoupçonnés il y a encore quelques années.

Il s'agit bien d'une révolution à l'échelle de la science toxicologique et, même si beaucoup de spécialistes continuent de travailler en suivant les principes de Paracelse, il ne fait guère de doute qu'une partie croissante des scientifiques a chaussé de nouvelles lunettes pour analyser la situation.

Un exemple parmi d'autres de ce grand chambardement : nous savons aujourd'hui que, selon la dose, le distilbène a des conséquences opposées sur le rat ; très diluée, la molécule est la cause d'une obésité extrême chez les animaux tandis qu'à une dose mille fois plus importante, ceux-ci perdent du poids ! De quoi faire douter des garde-fous toxicologiques qui sous-tendent la plupart des réglementations actuelles, de l'alimentation aux cosmétiques.

MAINTENANT OU JAMAIS

Dans le délicat ballet hormonal, il suffit d'un infime accroc pour enrayer la machinerie du corps. Les effets peuvent en être irréversibles, notamment quand la perturbation intervient à des moments très sensibles – au nombre de trois –, appelés « fenêtres d'exposition ». Sans grande surprise, ces moments de grande vulnérabilité se situent, pour les deux premiers, avant même la naissance : dès la conception et, surtout, pendant la vie intra-utérine du fœtus. Le troisième rendez-vous a lieu au moment de la puberté.

Ces carrefours de la vie commandent largement tout le reste de l'existence. « Il existe des phases critiques du développement », confirment Bernard Jégou, Pierre Jouannet et Alfred Spira, trois spécialistes du sujet [1]. « Ce sont celles, souvent brèves, durant quelques heures ou quelques jours, pendant lesquelles certains organes ou fonctions se mettent en place [...]. Une variation de quelques jours dans le moment de survenue d'un événement peut se traduire par des effets radicalement différents. »

C'est le principe du « maintenant ou jamais » : qu'un toxique perturbe la danse hormonale, qu'une hormone ne commande pas, ou mal, aux cellules au bon moment et le système s'enraie. Il n'y aura pas de seconde chance. Le cœur est programmé pour se former entre la 3e et la 5e semaine de grossesse, l'oreille entre la 4e et la 20e et l'urètre à la 11e. À la différence d'un voyageur qui a pris une mauvaise route, les cellules ne pourront jamais refaire le chemin ou revenir en arrière. Ce qui ne s'est pas (bien) passé fait désormais partie de l'histoire du corps.

1. Pierre Jouannet, Bernard Jégou & Alfred Spira, *La Fertilité est-elle en danger ?*, La Découverte, 2009, page 54.

DES EFFETS DIFFÉRÉS ET TRANSGÉNÉRATIONNELS

Cette irréversibilité peut s'exprimer beaucoup plus tard dans la vie de l'individu. « L'exposition elle-même peut cesser, mais l'impact sur le développement et les effets indésirables subséquents sont déjà à l'œuvre », explique Linda Birnbaum, directrice de l'Institut national de sciences de la santé environnementale des États-Unis. Conséquence : un bébé peut très bien ne présenter aucun trouble à la naissance et n'en développer que *plus tard*.

Pire encore, certains perturbateurs endocriniens peuvent provoquer des effets délétères qui ricochent d'une génération à la suivante : les effets sont dits « transgénérationnels ». Une mère, exposée à certains produits et à certains moments, peut donner naissance à un enfant « atteint », qui pourra à son tour engendrer un enfant « abîmé ». C'est glaçant : même les *petits-enfants* des femmes exposées au produit sont frappés dans leur chair. C'ést exactement ce qui s'est passé avec le distilbène. Dans ce drame sanitaire, ce ne sont pas les mères ayant pris le médicament qui ont été touchées, mais leur descendance, et ce bien des années plus tard. Ce sont les jeunes femmes dont les mères ont absorbé le « médicament » pendant la première moitié de leur grossesse, qui développent aujourd'hui plus de cancers du vagin que la moyenne. Une maladie qui ne se déclenche qu'une bonne quinzaine d'années après leur naissance, lors de la puberté. Des années marquées du sceau de l'angoisse. C'est un bien lourd héritage que transmettent, malgré elles, ces femmes à leur descendance.

UN COCKTAIL, SINON RIEN !

Vous en avez assez ? Il faut encore faire un petit effort… Car les scientifiques se heurtent à une énigme qu'ils ne sont pas près de résoudre : celle des cocktails de molécules. Imaginez un shaker, ce récipient qu'utilisent les barmen pour mélanger alcools et liquides exotiques. Il n'est pas exagéré de considérer l'air, ou l'eau, ou les aliments comme autant de gigantesques shakers à l'intérieur desquels les molécules chimiques se rencontrent sans cesse, à une vitesse qui défie l'imagination. Les atomes s'entrechoquent, quittent un assemblage pour en former un nouveau, sans que jamais le mouvement s'arrête. Dans un rapport de 2011 consacré aux perturbateurs endocriniens, nos sénateurs constatent sagement : « Nos concitoyens ne sont pas exposés à un seul produit mais à une multitude, à des doses plus ou moins fortes, de manière chronique. » Il n'est pas rare, on l'a vu, que des analyses d'urine ou de sang révèlent la présence de plusieurs dizaines de molécules chimiques de synthèse différentes dans le corps d'un seul individu. Car nos corps sont aussi le réceptacle de rencontres et de mélanges infiniment complexes. Pour notre plus grand malheur.

Vingt mille nouvelles substances par jour
« 90 389 939, 90 389 940, 90 389 941... » C'est un mouvement perpétuel que cette suite de chiffres qui s'affiche sur l'écran du site américain Chemical Abstracts Service (CAS), une émanation de la Société américaine de chimie. La mission du CAS consiste à « trouver, collecter et organiser l'information sur les substances publiquement dévoilées ». Ces 15 000 à 20 000 substances chimiques nouvellement découvertes ou inventées PAR JOUR dans le monde y sont répertoriées. Un numéro unique (le « numéro CAS ») leur est attribué, qui sert à les identifier lors de transactions futures ou d'expériences scientifiques... et aussi quand le centre antipoison veut connaître, souvent en vain, la composition de l'encre que le petit Louis a avalée. Est-ce à dire qu'il y aurait plus de 90 millions de substances chimiques en circulation à la surface de la Terre ? Non. Elles existent, mais toutes n'ont pas été ou ne sont pas commercialisées. Les 400 à 500 millions de tonnes de produits chimiques produites chaque année correspondraient à « seulement » 35 millions de substances commercialement disponibles assure l'Eawag, un institut suisse de recherche sur l'eau.

Que sait-on des effets des inévitables rencontres entre toutes ces molécules ? À peu près rien. Combien sont-elles ? Personne ne peut avancer la moindre estimation sur le nombre de nouvelles molécules et de nouveaux sous-produits qui naissent ainsi de ces mariages entre les centaines de milliers de substances relâchées dans l'environnement depuis un siècle. Les industriels, qui fabriquent ces produits ou les commercialisent, ne sont tenus d'évaluer les molécules qu'une par une. Quant aux agences sanitaires, elles sont tributaires des études des industriels, puisqu'elles n'ont que très peu de moyens financiers dédiés pour réaliser leurs propres études [1].

Ce *statu quo* réglementaire n'a pas empêché des scientifiques de se pencher sur la question des effets cocktails. Et ce qu'ils commencent à comprendre est pour le moins préoccupant. Car s'il apparaît que parfois les effets des molécules mélangées en cocktail s'additionnent, il arrive aussi que leurs effets se multiplient. Tel est le cas de trois fongicides fréquemment rencontrés sur un même grain de raisin. Une étude britannique [2] a montré que, lorsqu'ils sont associés, le pyriméthanil, le cyprodinil et le fludioxonil infligent aux cellules sur lesquelles ils sont testés en laboratoire des dommages jusqu'à vingt ou trente fois plus sévères que lorsque ces pesticides agissent séparément.

« Nous devons apprendre de nouvelles mathématiques quand nous travaillons sur la toxicologie des mélanges, parce que ce que disent nos résultats, c'est que 0 + 0 + 0 donne 60 % de malformations », explique Ulla Hass, professeur au National Food Institute de l'université du Danemark. Ses expériences en laboratoire montrent que des rats exposés à quatre perturbateurs endocriniens présentent des malformations

1. L'ANSES tente actuellement de caractériser les cocktails chimiques auxquels nous sommes le plus fréquemment exposés. C'est notamment l'objectif du programme Périclès, qui consiste à mener des tests *in vitro* sur des cellules d'origine humaine, à l'aide de sept cocktails de deux à six pesticides, censés être représentatifs de l'exposition alimentaire réelle de la population française.
2. Cofinancée par l'association Générations futures.

des organes sexuels externes importantes – bien plus importantes que celles escomptées au regard de la toxicité de chacune des substances prises individuellement. « Les évaluations qui ignorent la possibilité d'effets de substances en combinaison peuvent conduire à une sous-estimation considérable des risques associés à une exposition à des substances chimiques qui perturbent la différentiation sexuelle mâle », écrit par exemple Andreas Kortenkamp, un toxicologue spécialiste de ces cocktails (et que nous recroiserons au chapitre V, dans les couloirs de la Commission européenne). Dommage pour nous : le système actuel d'évaluation des produits chimiques ignore totalement ces interactions pourtant avérées.

En 1991, Theo Colborn et ses amis se séparaient en signant l'Appel de Wingspread qui s'achève sur ces mots prophétiques : « À moins que la contamination de l'environnement par les perturbateurs hormonaux ne soit rapidement contrôlée et réduite, des dysfonctionnements généralisés à l'échelle de la population sont possibles. » Nous y sommes. Tout indique désormais que le monde entier est frappé.

CHAPITRE III

UNE ÉPIDÉMIE DE MALADIES CHRONIQUES

C'est un classique des repas en famille ou des débats télévisés de fin de soirée. Sur toute personne qui ose discuter les bienfaits de la science ou du progrès technologique s'abat un argument massif et indiscutable : « ... et l'espérance de vie qui augmente, alors ? » Au XVIIIe siècle, les enfants devenaient rarement des vieux : l'espérance de vie était de 25 ans en France. En 1810, elle bondit à 37 ans grâce notamment au vaccin contre la variole. En 1900, elle atteint 45 ans pour grimper, en 2012, à 78,5 ans pour les hommes et à 84,9 ans pour les femmes. Merci les antibiotiques. Merci les vaccins. Merci la médecine infantile. Et pour la suite, quel est le programme ? Un organisme comme l'ONU pronostique une espérance de vie, sous nos latitudes, de 105 ans en... 2300 ! Tout va bien dans le meilleur des mondes ? Deux faits viennent tempérer cet enthousiasme.

Primo, nos vieux d'aujourd'hui sont nés aux balbutiements de la chimie : leur vie utérine et leur enfance se sont déroulées à l'abri des pesticides et de la chimie de synthèse en général.

Déduire de leur longévité l'espérance de vie des générations suivantes, bombardées de substances chimiques, est pour le moins hasardeux. *Secundo*, l'espérance de vie en bonne santé, c'est-à-dire en restant autonome et indemne de maladie chronique, marque le pas. Entre 2005 et 2010, elle a diminué de 62,8 à 61,8 pour les hommes et de 64,6 à 63,5 pour les femmes. Infime variation ? Mais c'est une tendance lourde : les personnes âgées vivent de moins en moins bien. Parallèlement, les maladies chroniques explosent.

À LA RECHERCHE DU LIEN DE CAUSALITÉ

Il y a des questions auxquelles la science ne peut apporter que des réponses incomplètes, et donc imparfaites. Ainsi du lien certain entre l'explosion de certaines maladies et les perturbateurs endocriniens, dont la preuve scientifique absolue peut difficilement être rapportée. Faudrait-il demander à des femmes, enceintes de garçons, de lécher des rideaux de douche truffés de phtalates pour s'assurer que ces derniers perturbent réellement la masculinisation de leur fœtus ? Faudrait-il placer sous la langue des petites filles des pastilles de pesticides pour prouver formellement leur implication dans l'apparition précoce de la puberté ? Évidemment non. La plupart des expériences sont menées sur des rongeurs, quitte à ce que l'industrie tente de minimiser les résultats observés quand ils sont un peu trop éloquents. « Si je trouve quelque chose, on me dit : "Ah !

Mais ça, c'est la souris !" » s'agace la chercheuse Ana Soto [1].

LA PREUVE DE LA CHARGE

En outre, nul ne peut démontrer que l'exposition à telle molécule, à tel moment précis va, par exemple, causer un cancer. Car, dans ce crime parfait que commettent les perturbateurs endocriniens, il n'existe pas de marqueur biologique indiscutable. C'était déjà vrai pour les maladies de l'amiante – 3 000 morts par an en France, au moins –, sauf pour la terrible affection appelée mésothéliome. Ce cancer de la plèvre – la membrane qui entoure les poumons – est souvent qualifié de « cancer de l'amiante », car aucune autre cause ne peut y être associée. Les si nombreuses victimes de la fibre cancérigène interdite en 1997 en France ont obtenu des tribunaux, après d'épuisantes batailles, une petite révolution : ce n'est plus au malade d'apporter la preuve que l'amiante est responsable de son cancer. Il faut, et il suffit, de prouver qu'il a été exposé à l'amiante. Et en cas de procédure judiciaire, c'est à l'employeur de prouver que l'amiante n'est pas responsable de la maladie de son salarié. Cela s'appelle, en langage juridique, l'inversion de la charge de la preuve. Sans ce changement clé, les malades de l'amiante seraient, dans la plupart des cas, ignorés. Arrivera-t-on, un jour, à une même reconnaissance avec les perturbateurs endocriniens ?

1. Citée par Stéphane Horel, *La Grande Invasion : enquête sur les produits qui intoxiquent notre vie quotidienne*, page 184.

En attendant une réponse, une certitude : la santé publique se dégrade dangereusement sous nos yeux. En France, il n'est pas interdit de parler d'une épidémie de cas de cancers, d'obésité, de diabète, d'Alzheimer, de troubles de la fertilité, etc.

Tâchons d'être méthodiques. Ne serait-ce pas dû au tabac ? Ou à l'alcool ? Ou aux calories que nous avalons en cascade, sans bouger de notre canapé ? « Et les gènes, alors ? » demanderez-vous, à raison. Tous ces facteurs jouent indéniablement un rôle. Mais pourquoi des augmentations si colossales et si brutales ?

Car les corps réagissent à « quelque chose » : comme l'aigle américain il y a soixante ans à cause du DDT, nos organismes semblent bien ployer sous une charge trop massive pour eux. Les perturbateurs endocriniens ne sont évidemment pas la clé universelle pour expliquer tous les maux du monde. Mais la rapidité et l'intensité de l'augmentation de ces maladies, adossées aux résultats obtenus par des scientifiques du monde entier, permettent d'incriminer la chimie de synthèse qui a contaminé jusqu'à la moindre de nos cellules en quelques décennies.

LES CANCERS ?

Les chiffres sont sans appel : en France, le nombre de nouveaux cas de cancers est passé de 170 000 cas par an en 1980, à 355 000 cas en 2012, soit une augmentation de 110 %. Certes, la population vieillit. Certes, le dépistage progresse, mais rien n'explique sérieusement cette explosion. C'est particulièrement le cas des cancers dits hormono-dépendants, qui se forment dans des tissus sensibles aux hormones, et donc sensibles aux perturbateurs endocriniens : ils flambent littéralement. Avec un nombre de cancers de la prostate multiplié par cinq en trente ans, la France détient le triste record du nombre de nouveaux cas déclarés par an, devant la Finlande et le Danemark. Les cancers du sein ont doublé en vingt ans (40 000 nouveaux cas par an), ce qui fait de la France le deuxième pays accusant le plus de cas de nouveaux cas par an. Et celui des testicules, qui frappe les hommes jeunes et ne fait l'objet d'aucun dépistage systématique, a triplé entre 1985 et 2005, avec de fortes disparités régionales [1]. S'il ne représente que de 1 à 2 % des cancers chez les hommes, il s'agit d'« un problème émergent de santé publique, même si la mortalité est très faible », note le Sénat en 2011, dans un rapport consacré aux perturbateurs endocriniens.

LES PUBERTÉS PRÉCOCES ?

L'âge de la puberté fait désormais l'objet d'une alerte mondiale, car rien ne va plus. Si le début des règles se maintient autour de 12,6 ans, les seins, en revanche, apparaissent en moyenne neuf mois plus tôt qu'il y a trente ans. Cela peut sembler négligeable, mais c'est une variation

1. Selon l'INvS, le cancer des testicules a une plus forte incidence dans l'Est (Alsace et Lorraine) et dans l'Ouest (Bretagne et Pays-de-la-Loire), plus faible en Île-de-France et dans le Languedoc-Roussillon.

énorme pour un laps de temps si court, surtout sous nos latitudes où les conditions de vie n'ont pas drastiquement changé. Il y a forcément une cause à ce stupéfiant phénomène, mais quelle est-elle ?

La consultation du professeur Charles Sultan, endocrinologue pédiatrique et chef du service d'hormonologie au CHU de Montpellier, est un bon poste d'observation. Entre 1993 et 2007, neuf fillettes de moins de 8 ans en franchissaient le seuil chaque année pour une puberté précoce. En 2008, 43. En 2013, elles ont été 100. Et les chiffres continuent de grimper. Le cas le plus sidérant rencontré par le praticien – qui étudie depuis des années les liens entre pesticides et troubles de l'appareil reproducteur –, s'appelle Clara : ce bébé, âgé de seulement 4 mois au moment de son examen, avait des seins « de la taille d'une orange », raconte le professeur Sultan, un utérus deux fois plus long que la moyenne et avait eu, à trois reprises, des règles. Ses parents vivaient alors sur une exploitation agricole où étaient entreposées 22 t de pesticides. Un cas effrayant, mais heureusement rarissime.

Le phénomène est mondial : près de 15 % des petites filles américaines développent une poitrine dès l'âge de 7 ans et près de 20 % présentent des poils pubiens dès 8 ans. Les causes ? Elles sont multiples. Près d'un tiers d'entre elles souffre de surpoids, voire d'obésité. Or, il est admis que l'obésité favorise le développement précoce de la poitrine chez les fillettes, car les tissus lipidiques produisent des œstrogènes, ces hormones sexuelles féminines essentielles… lors de la puberté.

LES MALFORMATIONS GÉNITALES CHEZ LES PETITS GARÇONS ?

Très schématiquement, les embryons sont génétiquement programmés pour devenir un mâle ou une femelle. Pendant les six premières semaines de leur vie, ils sont donc dotés de gonades capables de se transformer soit en testicules, soit en ovaires. À la 7e semaine du développement, le chromosome Y – masculin – entre en scène et envoie le signal qui va lancer le développement des testicules. Son rôle commence et s'achève là. Ce sont les testicules qui vont désormais « être à la manœuvre » de ce qu'on appelle la « différenciation sexuelle », pilotant notamment le développement des organes génitaux. Une étape cruciale, qui dure jusqu'à la fin du 1er trimestre de grossesse, durant laquelle l'appareil génital s'achève définitivement. Or, de nombreuses études pointent justement qu'au moment où s'opère la masculinisation de l'embryon, la production de testostérone serait de plus en plus souvent perturbée. Avec quelles conséquences ?

On en connaît plusieurs. Aviez-vous, jusqu'à la lecture de ce livre, déjà entendu parler de cryptorchidie, d'hypospadias ou encore de micropénis ? Ces malformations génitales masculines ont toujours existé, mais elles sont en augmentation depuis une quarantaine d'années. La cryptorchidie d'abord : du grec *crypto*, caché et *orchis*, testicule, c'est une anomalie assez fréquente. Un testicule – ou les deux – reste dans la cavité abdominale et ne descend pas dans les bourses. En cause : la testostérone et l'insuline-like factor 3.

Un traitement hormonal ou une intervention chirurgicale peuvent régler le problème, qui touche 2,54 ‰ des garçons de moins de 7 ans en métropole. Ces chiffres augmentent-ils année après année ? Les études sont contradictoires, mais convergent sur un point : le nombre de cas est très variable selon les pays, voire les régions. À la fois parce que le diagnostic et la prise en charge médicale varient d'un endroit à l'autre, mais aussi, estiment certains chercheurs, à cause de conditions environnementales différentes. Les conséquences sur la vie future du petit mâle sont d'importance, puisqu'il peut produire moins de spermatozoïdes et que son risque de développer un cancer des testicules est multiplié par de 3,6 à 5,2, selon les études.

En France, un garçon sur 125 naît avec une malformation nommée hypospadias : son urètre n'est pas placé au bout de sa verge. Uriner devient alors une opération compliquée et, faute d'acte chirurgical dans l'enfance, l'éjaculation l'est également. « Les données disponibles en France montrent une nette augmentation de l'incidence [1] de l'hypospadias depuis la fin des années 1970 jusqu'au début des années 2000 », note l'INSERM, qui reste toutefois très prudent tant les données varient d'une région à l'autre.

Restent les cas de micropénis – moins de 7 cm en érection à l'âge adulte – qui accompagnent souvent l'une des deux malformations précédentes.

1. L'*incidence* d'une pathologie est le risque pour un individu de contracter cette pathologie pendant une période donnée ; la *prévalence* mesure la part de la population atteinte par la pathologie à un moment donné.

Ce cocktail de pathologies est quatre fois plus fréquent chez les petits garçons dont un parent est exposé professionnellement aux pesticides, selon les observations du professeur Sultan.

OÙ SONT PASSÉS LES SPERMATOZOÏDES ?

Un autre désordre majeur frappe l'imagination : le déclin apparemment sans fin du nombre de spermatozoïdes chez les hommes. En 1992, le professeur danois Niels Skakkebaek a la surprise de sa vie. Lorsqu'il analyse toutes les études consacrées à la qualité du sperme, parues à partir des années 1930, il constate que le nombre de spermatozoïdes aurait diminué de moitié, passant de 113 millions à 66 millions par millilitre. Cela n'empêche pas – pas encore en tout cas – de concevoir des enfants, mais c'est évidemment angoissant. Si angoissant que, dans les milieux scientifiques, l'incrédulité est générale. Les résultats du Danois sont critiqués, décortiqués, passés à la moulinette par de fort sérieux statisticiens et épidémiologistes.

Cette hécatombe de « petites graines » humaines a quelque chose d'insupportable. D'abord parce qu'elle pose la question de la perpétuation de notre espèce. Ensuite parce que sa rapidité – deux générations seulement – exclut toute hypothèse génétique et vient frontalement interroger nos modes de vie. Les années passent et les études se succèdent, qui décrivent toutes la même tendance. Ainsi du sperme de 1 750 donneurs passés par le Centre d'étude et de conservation des œufs et du sperme humains (CECOS) du CHU du Kremlin-Bicêtre. Les candidats au don ne sont *a priori* pas concernés par le fléau de l'infertilité. Pourtant, entre 1973 et 1992, le nombre de leurs spermatozoïdes a baissé de 2,1 % par an, passant de 89 millions à 60, puis à 49,9 millions en 2005. Cette chute brutale est-elle seulement terminée ? Rien ne permet de le penser, car les chiffres actuels s'appuient sur l'analyse du sperme d'hommes nés entre 1954 et 1970. Qu'en est-il des plus jeunes, qui ont été conçus alors que tant de nouveaux perturbateurs endocriniens ont été répandus dans l'environnement ? Les bébés des années 2000 pourront-ils, arrivés à l'âge adulte, produire les 20 millions de spermatozoïdes par millilitres nécessaires pour ne pas tomber sous le seuil de la fertilité ?

Dans une récente étude, l'Institut national de veille sanitaire (InVS), constatant des différences significatives dans la qualité du sperme selon le lieu de résidence, formule deux hypothèses. Si la baisse est la plus forte en Aquitaine et en Midi-Pyrénées – deux régions très viticoles – est-ce la faute des pesticides ? Car les vignes, qui représentent 3 % de la surface agricole au plan national, reçoivent 20 % du tonnage en pesticides épandus en France. Les hommes au piètre sperme souffrent-ils par ricochet de l'exposition de leurs mères aux pesticides ? Poser la question, c'est parfois commencer à y répondre.

LE DIABÈTE DE TYPE 2 ?

Le diabète de type 2 [1] est éminemment lié au système hormonal, puisque la défaillance de l'insuline – une hormone produite par le pancréas – perturbe la régulation du taux de sucre dans l'organisme. Avec des conséquences sanitaires dramatiques : maladies des yeux, problèmes rénaux, risques vasculaires, etc. Les chiffres donnent le tournis : dans le monde, les diabétiques étaient 153 millions en 1980 ; ils sont aujourd'hui environ 380 millions et seront probablement 500 millions en 2018. Comme aux États-Unis, un adulte sur dix est diabétique en Chine – contre moins de 1 % en 1980 ! En France, l'incidence a augmenté de 21 % entre 2000 et 2006 selon l'InVS : ils sont 4 millions en 2014 et seront vraisemblablement 5 millions dans moins de dix ans. C'est surtout l'exposition aux perturbateurs endocriniens pendant la vie adulte – et non pendant la vie fœtale – qui expliquerait de telles augmentations. En ligne de mire : le bisphénol A, les phtalates, les retardateurs de flamme, l'arsenic, des polluants organiques persistants – POPs (PCB, dioxines) et des pesticides.

1. Il existe deux formes de diabète. Le plus courant, celui de type 2 – 85 % des cas –, intervient quand l'insuline produite par le pancréas ne peut plus réguler le taux de sucre dans le sang, fatiguant l'organe. Asymptomatique, il peut s'écouler de cinq à dix ans entre l'apparition des premières hyperglycémies et le diagnostic.

En vingt ans à peine, notre monde est passé à la taille XXL. Entre 1,4 et 1,5 milliard d'habitants de plus de 20 ans sont en surpoids, dont 500 millions sont obèses. Et ce phénomène touche non seulement les pays du Nord, mais de plus en plus ceux du Sud. En trente ans, le nombre d'obèses a été multiplié par quatre dans les pays en voie de développement. Par-delà cette horreur sanitaire, il faut insister sur le caractère épidémique et foudroyant de ces pathologies : 15 % de la population française est obèse, un chiffre qui a quasi doublé entre 1997 et 2012. En 2006, 18 % des enfants de 3 à 17 ans sont en surpoids, contre 5 % en 1980. Et 3,5 % sont obèses. Cette perturbation de la régulation du métabolisme énergétique, qui favorise le stockage de graisses, peut avoir des causes diverses : génétique, sédentarité, alimentation, naissance par césarienne, etc. Mais de plus en plus d'études scientifiques pointent les effets « obésogènes » du bisphénol A, des pesticides et de nombreuses molécules présentes dans des objets de la vie courante. Très schématiquement, ces produits convertiraient en tout début de vie des cellules souches en cellules adipeuses – dont la fonction est de stocker les graisses –, vouant les individus à une lutte permanente pour maintenir un poids de santé correct.

L'AUTISME ?

Délicate question. Les perturbateurs endocriniens jouent-ils un rôle dans le « tsunami de cas d'autisme [1] » ? Même l'Organisation mondiale de la santé (OMS) se pose sérieusement la question. Une certitude : les chiffres flambent. Selon les données les plus fiables sur le plan méthodologique, un petit Américain de 8 ans sur 150 présentait des troubles du développement en 2002. Ce taux est passé à un enfant sur 110 en 2009, et à un enfant sur 68 en 2014. Ces maladies du développement, regroupant l'autisme profond, les syndromes de Rett ou d'Asperger, ont donc augmenté de 123 %, par rapport à 2002. Parmi les enfants dépistés, 40 % présentent un quotient intellectuel inférieur à 70. La hausse est aussi spectaculaire pour les troubles de déficit de l'attention (ou hyperactivité), diagnostiqués chez 11 % des enfants et des adolescents en 2011, contre 7,8 % en 2003.

Le fait que les petits garçons sont cinq fois plus touchés par l'autisme que les petites filles peut laisser raisonnablement penser que des effets hormonaux sont à l'œuvre. En outre, le rôle essentiel que jouent les hormones thyroïdiennes dans le développement neurologique du fœtus est bien documenté. Celles-ci sont d'ailleurs systématiquement dosées chez les nouveau-nés (par un prélèvement de sang au talon), afin de pouvoir prévenir les retards de croissance et

1. C'est en ces termes que la ministre déléguée à la Santé et aux Services sociaux du Québec décrivait, en janvier 2014, le phénomène en cours.

les difficultés d'apprentissage. De surcroît, une étude menée sur 99,1 millions d'assurés de l'ensemble du territoire américain montre une répartition géographique de l'autisme très proche de celle des malformations génitales, dont les liens avec les perturbateurs endocriniens ne sont plus à prouver. Les enfants autistes ont 5,5 fois plus de risques de présenter de telles malformations. Quels polluants pointer du doigt ? Toujours un peu les mêmes : les PCB, certaines dioxines, l'omniprésent bisphénol A, des retardateurs de flamme, des pesticides organophosphorés, certains solvants, etc.

D'AUTRES MALADIES À INVESTIGUER

En février 2013, l'OMS et le Programme des Nations unies pour l'environnement (PNUE) ont publié un rapport fracassant sur les perturbateurs endocriniens, envoyant ainsi des messages d'alerte aux États du monde entier, plus que frileux sur le sujet. Les deux institutions consacrent notamment quelques pages à certains troubles typiques du système reproducteur féminin, comme le syndrome des ovaires polykystiques, les fibromes utérins et l'endométriose. Le premier se traduit par des cycles menstruels irréguliers, des règles peu abondantes ou absentes, une acné persistante et une pilosité importante. Le deuxième consiste en des tumeurs bégnines qui affectent entre 25 et 50 % des femmes. Le troisième – qui concerne une femme sur dix dans le monde – se traduit par la présence, en dehors de l'utérus, d'un tissu semblable à celui de la muqueuse utérine. Prudemment, le PNUE et l'OMS soulignent la part génétique de ces maladies et ne concluent pas formellement au rôle décisif des produits chimiques dans leur survenue. Mais ils invitent sérieusement les scientifiques du monde entier à approfondir la question.

Ici s'achève cette infernale litanie.

CHAPITRE IV

ILS SONT PARTOUT

Saumon et fromage fondu aux PCB, beurre doux à la dioxine, jus de raisin aux pesticides, thon à l'arsenic et au mercure... Est-ce un banquet concocté par une sorcière ? Non, il s'agit d'un aperçu des polluants qui agrémentent les repas servis, chaque jour, aux enfants de notre pays. C'est ce qu'a constaté l'association Générations futures [1], qui a analysé les quatre repas d'une journée, composés en respectant les recommandations nutritionnelles officielles. Et il y a de quoi perdre l'appétit. Car on y retrouve 128 résidus de produits de synthèse, qui représentent 81 substances chimiques différentes (la même molécule peut être présente dans plusieurs aliments). Et combien de perturbateurs endocriniens ? Pas moins de 37 ! De quoi être dégoûté du saumon, du steak haché et des produits laitiers, qui remportent haut la main la palme de la charge chimique en raison de la grande aptitude du gras à fixer les polluants. Les fruits et les légumes, sur lesquels on trouve un bouquet

1. Dont François Veillerette, un des auteurs de ce livre, est le porte-parole.

de produits classés cancérigènes, n'échappent pas non plus aux perturbateurs endocriniens à cause des résidus de pesticides qu'ils contiennent.

DOSE JOURNALIÈRE (IN)ADMISSIBLE

Comment est-ce possible ? Tout simplement parce que tous les pays du monde, et donc la France, autorisent la présence de ces substances, *via* des normes en apparence sérieuses, qui définissent quelles concentrations de produits chimiques sont acceptables dans les aliments. On appelle ça la DJA, pour dose journalière admissible [1], définie dès les années 1950, quand l'agriculture commence à utiliser massivement les pesticides. Son calcul est complexe, mais sa philosophie est simple : c'est la dose maximale d'une substance à laquelle un individu peut être exposé, de façon répétée, tout au long de sa vie, sans risque pour la santé. Elle est calculée à partir d'études réalisées chez l'animal. À chaque produit, sa DJA. À chaque repas, ses dizaines de molécules. Le sérieux et la fiabilité de la DJA sont sévèrement battus en brèche par les perturbateurs endocriniens, car des quantités intinitésimales peuvent parfois suffire à provoquer des effets délétères, ont constaté les scientifiques. Ainsi de l'atrazine, dont la « valeur sanitaire maximale » – la DJA appliquée à l'eau potable – a été établie à 60 µg/l. Cécile Chevrier et son équipe de l'INSERM

1. Elle est habituellement exprimée en milligramme de substance par kilo de poids corporel. Elle s'applique seulement aux pesticides et aux additifs (conservateurs, émulsifiants, colorants, édulcorants).

de Rennes montrent en 2011 que les futures mamans contaminées, même à des doses extrêmement faibles, par cet herbicide présent dans l'eau du robinet, ont 50 % de risques supplémentaires d'accoucher d'un enfant de petit poids et 70 % de risques supplémentaires que le périmètre crânien du bébé soit inférieur à la moyenne.

MIGRATIONS CLANDESTINES

Des polluants atterrissent aussi dans nos assiettes « par accident ». Personne ne l'a prévu, personne ne l'a voulu, personne ne l'a même imaginé : mais le fait est qu'ils font partie intégrante de notre alimentation. Et nous avons mis longtemps avant de nous en rendre compte ! C'est particulièrement vrai pour les substances qui se détachent des objets et qui « migrent ». C'est le cas des emballages alimentaires en plastique composés de phtalates ou d'adipates [1] que l'on réchauffe au micro-ondes. Ou encore de la boîte de raviolis en conserve, tapissée de bisphénol A, dont on gratte le fond ou, pire encore, que l'on fait cuire au feu de bois un soir de bivouac… Qui nous a jamais prévenus que c'était mauvais pour la santé ?

> *Le café au zinc est-il dangereux pour les hormones ?*
> Est-ce que consommer beaucoup de soja, de carottes, de café, de vin rouge ou de houblon

1. Ils sont largement utilisés dans les pellicules d'emballages alimentaires en PVC, mais aussi dans des produits cosmétiques et des pesticides.

– autant de produits qui contiennent des principes actifs susceptibles d'agir sur le système endocrinien – peut induire des effets similaires à ceux provoqués par la chimie de synthèse ? C'est ce que martèle l'industrie, dans son éternelle stratégie d'instillation du doute. « En dessous de [certaines] doses élevées, ces substances peuvent être consommées sans inquiétude. La même chose s'applique pour les substances synthétiques qui ont des effets similaires », soutient l'organisation européenne de l'industrie du plastique, PlasticsEurope. L'argument est un peu technique, mais peut se résumer ainsi : en deçà d'un certain seuil, aucune substance n'est intrinsèquement toxique. Pas la peine, par exemple, de désigner le bisphénol A à la vindicte populaire ; tout est question de quantité. « Une manipulation de la science », leur rétorque le député écologiste Jean-Louis Roumégas, qui reconnaît que « si la caféine cause indéniablement des réactions endocriniennes, elle ne produit aucun dommage irréversible aux organismes. En outre, ses effets ne sont ni différés, ni transgénérationnels. Mettre [ces aliments] sur le même plan que des substances transformant des grenouilles mâles en grenouilles femelles relève donc de la mauvaise foi ».

PETITS POLLUANTS DEVIENDRONT GROS

Nombre d'aliments sont devenus suspects au fil des années. Prenez le poisson, archétype du mets sain et irréprochable sur le plan nutritionnel. Certains sont de tels pièges à polluants qu'aujourd'hui l'Agence nationale de sécurité sanitaire de l'alimentation, de l'environnement et du travail (ANSES) se voit obligée de lancer des mises en garde. Ainsi de certains poissons d'eau douce et de prédateurs sauvages, qui ont avalé des milliers de poissons eux-mêmes contaminés par des dizaines de milliers d'autres poissons, eux-mêmes nourris d'algues polluées, etc. On y détecte d'inquiétantes concentrations de dioxines, de mercure et de PCB, « dont l'action toxique sur le système nerveux central est particulièrement importante pendant la période périnatale ». Adieu anguilles et carpes, brochets, lottes et bars, dorades, raies et thons, soupirent les fillettes et les adolescentes, les femmes en âge de procréer, enceintes et allaitantes ainsi que les enfants de moins de 3 ans, tous concernés par ces restrictions. Quant à la population générale, on ne l'exhorte plus à manger les produits de la mer avec autant de passion qu'auparavant : deux portions de poisson par semaine suffisent, préconise l'ANSES, qui recommande aussi de varier les espèces et les lieux d'approvisionnement. Ces conseils ne prennent évidemment pas en considération la problématique de l'épuisement des ressources halieutiques que cause notre appétit démesuré. Mais c'est une autre (triste) histoire.

La bouche, toboggan du bisphénol A

Les petits enfants portent la main à la bouche en moyenne vingt-huit fois par heure. Jusqu'à récemment, les scientifiques pensaient que l'essentiel du bisphénol A avalé transitait par l'estomac, avant d'être « filtré » par le foie et que nous étions contaminés par seulement de 1 à 2 % du bisphénol A ingéré. Autrement dit, pas grand-chose (même si c'est déjà trop, compte tenu du principe des faibles doses). Or, des chercheurs de l'Institut national de la recherche agronomique (INRA) et de l'École nationale vétérinaire de Toulouse ont montré que la muqueuse de la langue et de la bouche, qui est extrêmement fine et vascularisée, offre une porte d'entrée royale vers le réseau sanguin. Résultat : si elle est déposée dans la bouche, la même dose de bisphénol A se retrouve cent fois plus concentrée dans le sang que si elle a été ingérée. Cette découverte en dit long sur la méconnaissance des voies d'exposition des populations et sur la nécessité de revoir les processus d'évaluation du risque des produits chimiques.

EAU MORTE

Un corps de 70 kg contient 45 l d'eau. Il est donc vital de se préoccuper de la qualité de celle qui est avalée quotidiennement, que ce soit sous forme liquide ou dans les aliments. Sur un plan strictement chimique, celle qui coule de nos robinets n'inspire pas d'emblée confiance.

Il faut dire que fabriquer de l'eau « saine » à partir d'eau polluée en l'additionnant de produits chimiques est une vraie gageure. Aujourd'hui, 41 % des nappes phréatiques sont dans un état chimique déplorable. En France, les analyses révèlent la présence de pesticides dans 93 % des rivières et des lacs examinés ; une concentration tellement élevée pour un tiers d'entre eux que leur eau est considérée comme impropre à la consommation. En tête des molécules retrouvées, un pesticide interdit depuis 2003, l'atrazine, bien connue pour être un perturbateur endocrinien.

Et s'il n'y avait que les pesticides... Depuis plusieurs décennies, les pêcheurs, puis les scientifiques, ont remarqué que les poissons mâles se féminisent (troubles de la fertilité et présence d'ovules à l'intérieur des testicules). À cause des microplastiques qui ont envahi les cours d'eau et que les animaux ingèrent ? Une piste à suivre. Car « les matières plastiques ne sont pas inertes : sous leur forme conventionnelle, elles contiennent un grand nombre, et parfois une grande proportion d'additifs chimiques, susceptibles d'être des perturbateurs endocriniens ou des agents cancérigènes ou de provoquer d'autres réactions toxiques, et qui peuvent, en principe, migrer dans l'environnement, en quantités toutefois limitées », écrit ainsi la Commission européenne. Quels sont les effets réels de ces plastifiants, retardateurs de flamme, colorants, solvants, durcisseurs, stabilisants, lubrifiants qui filent dans l'eau, même en « quantité limitée » ? Bien malin qui peut le dire, d'autant que « les métabolites [1] de certains perturbateurs endocriniens, souvent aussi toxiques que leurs molécules mères, sont rarement recherchés », constate un laboratoire spécialisé dans la recherche des polluants émergents.

LES RIVIÈRES NE MANQUENT PAS DE CACHET

Faut-il incriminer le fait que les masses d'eau sont devenues de vraies pharmacies ? C'est aussi un élément d'explication. Car on peut en effet y doser des anticancéreux, de l'aspirine, du paracétamol, de la caféine, les hormones des pilules contraceptives et des thérapies de la ménopause,

1. Il s'agit de composés issus de la transformation d'une molécule chimique par le métabolisme, souvent révélateurs de pollutions et parfois plus toxiques que les substances actives dont ils proviennent.

ainsi que tous les autres traitements utilisés dans les élevages d'animaux. Une pharmacopée exfiltrée par les toilettes des particuliers, des hôpitaux ou *via* les latrines des élevages et que seules de (rares) stations d'épuration extrêmement sophistiquées peuvent prétendre arrêter. Et encore ! « Les stations d'épuration domestiques n'ont pas été conçues pour traiter les micropolluants », constate l'Institut national de recherche en sciences et technologies pour l'environnement et l'agriculture (IRSTEA). La Suède hiérarchise depuis 2010 les effets des médicaments sur l'environnement, afin d'informer les médecins, les pharmaciens et les patients de l'impact de leurs choix ; la modulation des remboursements en fonction de ce critère est en projet. Rien de tel en France : les outils existent, mais la volonté politique fait défaut. Les micropolluants commencent à peine à être explorés.

BOUTEILLE *OR NOT* BOUTEILLE ?

Faut-il boycotter l'eau du robinet et ne plus boire que de l'eau de source ou de l'eau minérale ? Laissons de côté le débat sur l'empreinte écologique de la fabrication, du transport et de la destruction des bouteilles en plastique pour privilégier la question toxicologique. En 2012, l'eau servie au robinet de presque 3 millions de personnes dépassait les limites de qualité pour les pesticides. Et il s'agit d'une estimation très basse. Ces consommateurs pourront peut-être se consoler en apprenant que la grande voie d'entrée des pesticides reste l'alimentation solide, l'eau du robinet contribuant pour moins de 5 % à l'exposition alimentaire totale. Sauf que, parmi les pesticides à l'origine des dépassements les plus importants des limites de qualité, une majorité est justement suspectée d'être des perturbateurs endocriniens, pour lesquels le principe d'« exposition négligeable » n'a aucun sens. Et le fait que du bisphénol A « fuite » des conduites d'eau potable en résine époxy malmenées par le chlore n'est pas non plus de nature à rassurer.

En 2013, le mensuel *60 millions de consommateurs* et la fondation France Libertés font analyser des échantillons d'eau du robinet prélevés dans trois départements, ainsi que 47 eaux en bouteille. Pour l'eau du robinet, les résultats sont cristallins : sur les dix prélèvements, huit contiennent entre 1 et 4 des 85 molécules recherchées. Notamment de l'atrazine (ou ses métabolites) dans 70 % des échantillons, du métolachlore – un autre pesticide considéré comme perturbateur endocrinien – dans 20 % des cas et du tamoxifène dans 30 % des résultats. Mais l'affaire se corse lorsque ce dernier, l'hormone de synthèse la plus utilisée pour traiter les cancers du sein, est également retrouvé dans cinq bouteilles d'eau, aux côtés de deux vasodilatateurs. D'où viennent-ils ? Est-ce une situation courante ? Les agences régionales de santé, chargées de surveiller la qualité de ces eaux embouteillées, n'ont pas mis l'analyse des substances médicamenteuses à leur programme. La chambre syndicale des eaux minérales a contesté ces analyses ; elles ont été répliquées, sans que les résultats changent.

DES PHTALATES DANS LE PET ?

Question : est-ce que le plastique des bouteilles d'eau laisse « fuiter » des perturbateurs endocriniens ? C'est malheureusement un secret de polichinelle pour ce qui concerne les bonbonnes en plastique distribuées en entreprise : le polycarbonate dont elles sont constituées est un nid à bisphénol A. Les bouteilles en plastique de tous les jours, elles, sont faites de polyéthylène téréphtalate (ou PET) qui, en dépit de son nom, n'est pas composé de phtalates. Est-ce une matière potentiellement toxique ? « Les phtalates sont partout dans notre environnement, sauf dans les bouteilles en plastique », assure le syndicat des eaux de source. C'est chimiquement vrai. Mais, dans la pratique, cela se révèle en partie faux. Marc Chevreuil, molysmologue de son état (il étudie les pollutions) et son équipe de l'université parisienne Pierre-et-Marie-Curie, ont mis en évidence la présence de plusieurs phtalates dans les eaux embouteillées de dix marques achetées en France. Une découverte qui n'a rien d'une première à l'échelle planétaire : des équipes chinoises, portugaises, espagnoles et tchèques avaient déjà constaté la même chose. Mais, pour une fois, les chercheurs ont reçu une explication au phénomène. « Il nous a été expliqué par un industriel que [le PET] pouvait contenir des résidus de phtalates suite à des contaminations croisées des granulés de résines PET par ceux d'autre matériaux plastiques demeurant dans les trémies [1] de

1. Il s'agit d'un grand entonnoir destiné à stocker puis à verser une matière pondéreuse (grain, sable) par gravitation.

production ou les conteneurs de transport », explique Marc Chevreuil. En clair, les fabricants de bouteilles en plastique mélangeraient par inadvertance ou par négligence les microbilles de résines de plastiques contenant des phtalates avec celles de résines de PET.

L'anecdote en dit long sur les contaminations croisées, généralisées et surtout invisibles, auxquelles nous sommes soumis. Elle illustre à quel point la facture chimique s'alourdit, subrepticement et à notre insu, à l'occasion de gestes d'une infinie banalité.

RETENEZ VOTRE RESPIRATION

Retour sur la terre, au ras de l'humus. Là où, depuis près de 100 millions d'années, vivent les fourmis. Grâce à elles, des scientifiques de l'université de Tours, emmenés par Alain Lenoir, ont fait une découverte qui frappe l'esprit. Ils ont collecté des insectes dans quantité de pays – Hongrie, Espagne, Grèce, Burkina Faso, Égypte, Guyane – et ont analysé la composition chimique de leur carapace. Fourmis urbaines ou fourmis du fin fond de la jungle amazonienne, elles sont unies par un même contaminant : les phtalates. Car, à l'instar des grillons et des abeilles, toutes en sont imprégnées.

Ont-elles fait bombance d'un morceau de sac en plastique ? Non, répondent les chercheurs. C'est par la voie des airs que ces polluants ont voyagé, avant de se déposer absolument partout. Et les phtalates ne sont pas les seuls qui savent voler. Voyez plutôt : au Canada, en Tasmanie, en Indonésie, au Népal, en Norvège ou en Islande, en République tchèque, en Afrique du Sud et jusque dans les îles Samoa américaines, en plein Pacifique Sud, des retardateurs de flamme bromés ont été détectés dans l'écorce des arbres !

Au passage, les fourmis ne paraissent pas avoir apprécié leur nouveau compagnon chimique : les reines se sont mises à pondre sensiblement moins et le système immunitaire des travailleuses s'en est ressenti. Les phtalates, dont plus de 3 millions de tonnes sont produites chaque année dans le monde, semblent être de puissants perturbateurs du système endocrinien chez les fourmis également.

Si les fourmis en ont plein le dos – de phtalates – c'est que l'air n'est pas aussi pur qu'on a longtemps voulu le penser… L'équipe de Marc Chevreuil a eu une folle idée. Elle est partie à la recherche de 58 molécules dans l'air d'une grande ville (Paris), d'une ville de banlieue (en Seine-et-Marne) et d'une forêt (Fontainebleau). Des mesures ont également été réalisées dans un appartement, dans un bureau et dans une crèche, aussi bien en été qu'en hiver. Les polluants ciblés ? Des plastifiants, des retardateurs de flamme, des tensio-actifs (utilisés en cosmétique), des bactéricides (dont les fameux parabènes), des pesticides et d'autres molécules encore, présentes dans tout un tas d'objets de notre vie quotidienne. Tous sont des perturbateurs endocriniens connus.

Les résultats sont édifiants : aucune des 58 molécules n'a manqué à l'appel. Le trio de tête ? Les phtalates, suivis des alkylphénols [1] et des parabènes. Et où sont-ils le plus abondant ? Dans l'air intérieur. Et à l'état gazeux. Ce qui signifie que les polluants, rendus à l'état de gaz, pénètrent sans coup férir les alvéoles des poumons, beaucoup plus facilement que ne le feraient les désormais célèbres particules fines, elles-mêmes fort dangereuses pour la santé. « La voie respiratoire est toujours considérée comme négligeable devant la voie alimentaire [...] qui est le plus souvent majorée par des scénarios alimentaires qui ne prennent en compte que le niveau de contamination des aliments, sans intégrer les divers facteurs qui atténuent en général les taux d'absorption et d'assimilation réels des composés indésirables », déplore Marc Chevreuil. Certaines études montrent que, par sa simple respiration, un individu peut absorber l'équivalent de 40 % de la dose journalière de phtalates fournie par sa nourriture.

Nous respirons entre 15 et 20 m^3 d'air par jour en plusieurs milliers de fois. Et combien de pesticides ? Officiellement, personne n'en sait rien : il n'existe aucune obligation de mesurer leur présence dans l'air et, par là, aucune limite légale à leur présence. Pourtant, des dizaines flottent dans l'atmosphère des villes, tout comme en pleine campagne. Des exemples : 23 fongicides,

1. Les alkylphénols sont utilisés dans des détergents, dans les carburants, dans des caoutchoucs.

20 herbicides et 4 insecticides ont été répertoriés dans le ciel de Picardie. En Poitou-Charentes, six molécules interdites ont été détectées au cœur d'une bourgade viticole, dont un insecticide pourtant prohibé depuis 1998, et à des concentrations non négligeables. D'où viennent-ils ? La plupart ont été épandus dans les champs ; or, entre 25 et 75 % des pesticides se retrouvent dans l'atmosphère, envolés dès leur application ou se volatilisant à partir du sol ou de la végétation. D'autres, comme ceux des colliers antipuces des chats, sont typiques de la vie urbaine.

C'est un angle mort très pratique de la réglementation sanitaire, car s'il était décidé, demain, de protéger les populations des pesticides, cela reviendrait en pratique à les interdire. Car qui pourrait s'engager sérieusement à ce que plus personne n'en respire ? Le ciel est devenu une poubelle dans laquelle voyagent les polluants sur des milliers de kilomètres. Et ceux qui glanent l'air du temps et la rosée du matin sont décimés : les insectes ont déserté les champs empoisonnés, les abeilles tombent par millions et les papillons seront bientôt des figures de musée. Pesticides, antibiotiques et microplastiques hantent les pots de miel. En 2011, *60 millions de consommateurs* analysait 76 échantillons de miel. Trente-cinq polluants (sur 91) étaient trouvés dans la quasi-totalité des miels, avec une moyenne de cinq substances par pot, y compris dans des produits labellisés bio. Deux ans plus tard, le mensuel renouvelait l'expérience et détectait entre 74 et 265 microrésidus de plastiques par kilogramme. Pauvres abeilles, qui charrient nos miasmes chimiques à en mourir.

CHAPITRE V

BISPHÉNOL A, DU BIBERON À LA SUBSTITUTION ?

1987. École de médecine de Boston. Deux chercheurs écarquillent les yeux devant leurs éprouvettes devenues folles. Là où ils s'attendaient à trouver des cellules cancéreuses se multipliant sous l'effet de doses croissantes d'œstrogènes [1], Ana Soto et Carlos Sonnenschein assistent à un spectacle sidérant. Les cellules se sont bien multipliées, mais de façon colossale et anarchique, y compris dans les échantillons témoins, exempts de toute hormone. « Cent fois sur le métier remettez votre ouvrage… » Voilà les chercheurs, tous deux professeurs de biologie cellulaire, qui passent au crible chaque étape de leurs expérimentations. Tout est parfait. Un confrère jaloux ne leur aurait-il pas saboté la paillasse ? finissent-ils par se demander. L'explication va surgir quand, après des mois d'incompréhension, ils utilisent un lot d'éprouvettes neuves, achetées à un autre fournisseur. Là, tout rentre dans l'ordre. Ce qui signifie, en déduisent-ils, que « quelque chose » dans le

1. Les œstrogènes provoquent, ici, la multiplication des cellules cancéreuses.

plastique des éprouvettes est capable d'avoir le même effet que les œstrogènes. C'est un choc immense et une nouvelle inquiétante, car cela signifie qu'une matière qu'on croyait stable, inerte et, surtout, sûre, contient et relâche un poison actif. Avec quelles conséquences pour les organismes vivants que nous sommes ?

LE PLASTIQUE ÉTAIT VIVANT

C'est le début d'une autre enquête, pour laquelle le fabricant des éprouvettes ne va pas du tout les aider. Car, sous prétexte de secret de fabrication, il refuse de leur communiquer le nom de la substance qu'il a récemment incorporée à ses produits. Il faut deux ans à Soto et Sonnenschein pour identifier le p-nonylphénol. C'est un additif que les industriels ajoutaient, dans les années 1980, au polystyrène et au PVC afin de les rendre plus stables et plus résistants, et que l'on retrouve à l'époque dans des emballages alimentaires, des détergents, des insecticides, des crèmes contraceptives, des produits d'hygiène et dans l'eau potable circulant dans des tuyaux en PVC.

En Californie, au même moment, une autre équipe de scientifiques connaît une expérience identique : les levures qu'elle étudie semblent s'affoler au contact d'hormones… qui sont en réalité les substances chimiques relâchées par les flacons en polycarbonate utilisés pour stériliser l'eau. Le polycarbonate ? Un nom abscons, dont un des composés est devenu mondialement célèbre ces dernières années : le bisphénol A.

Le bisphénol A est une substance qui sert à fabriquer des résines époxy (utilisées dans les boîtes de conserve et les canettes de boisson), ainsi que le polycarbonate, un plastique aux vertus fantastiques puisqu'il peut être chauffé et moulé sans craquer ni se déformer. Il est aussi transparent que du verre, mais beaucoup plus résistant… un produit miracle !

Way of life
« Notre style de vie moderne ne pourrait exister sans le polycarbonate », estime le lobby des producteurs de bisphénol A. Et cela semble vrai, puisqu'il y en a partout ! Partout ? Voyez plutôt : adhésifs et joints, amalgames dentaires, appareils électroménagers, biocides, bombonnes d'eau rechargeables, câbles, CD et DVD, coques des couveuses pour prématurés, cuves à vin, dispositifs et appareils médicaux, durcisseurs pour colles, emballages alimentaires, encres d'imprimerie, équipements de ski, de tennis et de golf, fluides caloporteurs, fluides de freinage, genouillères, grilles de radiateur et de ventilation, housses pour téléphones mobiles, jouets, lentilles de contact, linoléums, lubrifiants, mastics, matériaux d'installation électrique, mousses de polyuréthane, optiques de phares, ordinateurs, papiers essuie-tout, billets d'avion, étiquettes autocollantes pour la pesée des fruits et légumes, papier pour fax, reçus de parking, de banque, pare-brise et casques de moto, pare-chocs, pâtes à bois, peintures pour coques de bateaux, pneus, produits anticorrosion, récipients alimentaires en plastique transparent ou pour le micro-ondes, revêtements de protection, sèche-cheveux, vaisselles et couverts en plastique réutilisables, vernis pour bois, verres de lunettes, vinyles, vitrages. Fermons le ban.

Cet engouement ferait presque oublier qu'en 1936 – déjà –, le bisphénol A est connu pour mimer les œstrogènes, les hormones sexuelles féminines. Ce détail, balayé par la frénésie de consommation qui saisit le monde occidental au sortir de la Seconde Guerre mondiale – les fameuses Trente Glorieuses –, se rappelle vite au bon souvenir des scientifiques. Ainsi du biologiste Fred Vom Saal, qui administre des doses infinitésimales de bisphénol A à des souris gestantes : une catastrophe pour l'appareil reproducteur de leurs petits et une angoissante révélation pour le scientifique. Car il prouve ainsi que des doses comparables à celles trouvées dans les organismes humains sont délétères pour les souris. Les méfaits du bisphénol A *via* les récepteurs œstrogéniques sont extrêmement bien documentés au plan scientifique (déclin de la fertilité, avancement de la puberté chez les filles, malformations urogénitales chez les garçons, cancers du sein et de la prostate). Et il reste beaucoup à découvrir. De récentes études tendent à montrer qu'il se marie mille fois plus aisément avec d'autres récepteurs hormonaux, ce qui pourrait expliquer ses effets sur l'obésité, le diabète et, peut-être, l'audition.

« Ce n'est pas seulement un produit chimique ; c'est un accident de civilisation », écrit fort justement Stéphane Foucart, journaliste scientifique au *Monde*. Le bisphénol A est en effet présent dans les urines de 95 % de la population et jusque dans le liquide amniotique et le cordon ombilical. Ce qui ne va pas sans poser problème pour en étudier les effets transgénérationnels. Si les animaux peuvent encore être élevés à l'abri d'un laboratoire, l'expérience devient de plus en plus ardue avec l'homme, car nous ignorons à peu près tout de l'exposition de nos mères et de nos grands-mères. « La norme n'est donc plus la norme ; la norme est devenue la norme chimique. Il n'y a plus de population contrôle. Il n'y a plus suffisamment d'hommes et de femmes libres de bisphénol A. Il n'y a plus de comparaison possible, plus de référence. Plus de preuve [1]. »

BIBERON TOXIQUE

Le bisphénol A est aux perturbateurs endocriniens ce que le coca-cola est aux sodas : une tête de gondole. C'est souvent le seul que nous soyons capables de citer. Et pour cause : après certains phtalates interdits dans les jouets en 1999, c'est le premier perturbateur endocrinien à avoir été banni d'un produit de la vie courante. Et pas n'importe lequel : le biberon, ô combien symbolique, objet de pureté et d'innocence. Car le bisphénol A s'est répandu jusque dans le lait servi dans les biberons en plastique !

Ce n'est pas de France, mais du Canada, que va venir la première interdiction. On est en octobre 2008 et les parents se jettent alors sur les biberons en verre. En France, on est encore très

1. Stéphane Foucart, *La Fabrique du mensonge, comment les industriels manipulent la science et nous mettent en danger*, Denoël Impacts, 2013, page 240.

loin de prendre la mesure du problème. L'Agence française de sécurité sanitaire des aliments (AFSSA) campe sur des positions toxicologiques passéistes : au diapason de son homologue européenne, elle va continuer à recommander le chauffage des biberons au micro-ondes, alors même que cela favorise la migration du bisphénol A, du plastique vers le lait infantile. Elle estimera en outre qu'il n'y a pas de risque sanitaire, étant donné que les consommations quotidiennes de bisphénol A des bébés sont inférieures aux seuils fixés par l'Europe. Un comble quand on sait que les perturbateurs endocriniens se moquent des seuils comme de leur premier récepteur… *Le Canard enchaîné* révèle le mois suivant que la moitié des experts ayant rédigé le rapport émarge chez des industriels de la chimie. Pourtant, tout cela n'ébranle pas Roselyne Bachelot, pharmacienne de métier et ministre française de la Santé d'alors. En juin 2009, elle déclare à l'Assemblée nationale : « Quelques pays, dont le Canada, ont interdit cette substance dans les biberons, non pas à la suite d'études scientifiques mais sous la pression de l'opinion publique et d'un certain nombre d'associations […] Le principe de précaution est un principe de raison, il n'est en aucun cas un principe d'émotion. »

C'est dans ce contexte que se crée un collectif d'associations dédiées à la santé environnementale, le Réseau environnement santé, présidé par le toxicologue André Cicolella. Grâce à une campagne d'information efficace et alors que se multiplient les études scientifiques inquiétantes sur le bisphénol A, la situation bascule rapidement. La mairie de Paris décide de ne plus commander de biberons en polycarbonate. Chantal Jouanno, la nouvelle secrétaire d'État à l'Écologie, demande à l'AFSSA de revoir sa copie – et des sénateurs déposent une proposition de loi pour bannir le bisphénol A des biberons. Elle sera adoptée à l'unanimité des deux chambres le 23 juin 2010. Le Danemark, puis l'Europe, les États-Unis, la Belgique, la Suède et la Chine emboîtent le pas. En 2012, le Parlement français étend le champ d'application de cette loi aux contenants alimentaires (dont les boîtes de conserve jusque là vernies de résine époxy) [1] avec entrée en vigueur en 2015.

La stratégie nationale
sur les perturbateurs endocriniens

La France est-elle précurseur dans le dossier des perturbateurs endocriniens ? Tout le laisse à penser, mais les apparences sont parfois trompeuses. En effet, sur le papier, la France s'est lancée dans un processus inédit au plan mondial : se doter d'une stratégie nationale sur les perturbateurs endocriniens (SNPE). Autour de la table : des politiques, des ONG, des représentants syndicaux (industrie, santé et agriculture), des hauts fonctionnaires, des scientifiques et les agences sanitaires, qui ont négocié pied à pied pendant plusieurs mois.

À côté d'annonces incontournables – mais symboliques – comme le retrait du bisphénol A des tickets de caisse et le renforcement des contrôles pour les

1. Les collerettes de tétines et de sucettes et les anneaux de dentition comportant du bisphénol A sont également interdits, tout comme les tubulures contenant du DEHP (un phtalate) dans les services de pédiatrie, de néonatologie et de maternité.

phtalates dans les jouets, la SNPE accouche du sempiternel appel à financer la recherche. Aucun budget n'est annoncé et aucun calendrier fixé. La prévention et l'information des populations et des personnels de santé, pourtant réclamées à cor et à cri par les associations en santé environnementale, sont reléguées en fin de communiqué et tributaires de l'adoption d'une loi dédiée à la santé.

Faut-il se réjouir que le bisphénol ait été ainsi mis (un peu) hors circuit ? Évidemment, puisqu'il est présent, en permanence [1], dans nos organismes et qu'il est, nous le savons, responsable du déclenchement de quantité de maux. Mais cette interdiction unique est l'arbre qui cache la forêt. D'abord, parce qu'il est toujours massivement utilisé dans des centaines d'objets de la vie courante pour lesquels il reste autorisé. Ensuite parce que cette interdiction donne l'impression qu'il se passe quelque chose, alors qu'il existe près d'un millier de substances (et combien d'autres dont il reste à découvrir les propriétés ?) qui ne font l'objet d'aucune restriction. Sans compter que la question de la substitution du bisphénol A par d'autres molécules ne va pas sans danger.

Si le bisphénol A se retrouve dans les urines de 95 % de la population, c'est bien parce qu'il rend de fiers services… La boîte de conserve de tomates pour préparer la sauce des pâtes, la bonbonne d'eau pour boire entre deux réunions, le récipient en plastique pour emporter et réchauffer

1. Le bisphénol A est éliminé en six heures environ dans les urines. Or, on en trouve en permanence dans les organismes, ce qui tend à prouver que l'exposition est continue.

le casse-croûte de midi, le ticket de ciné pour la dernière séance. Comment se passer de ce composé, magique du point de vue industriel ? Il faut trouver un remplaçant au soldat bisphénol A ! Une course à la substitution est donc lancée.

Mais le constat est cruel : « Il n'y a pas de substitut universel au bisphénol A », explique Dominique Gombert, le directeur des évaluations des risques au sein de l'ANSES. En mars 2013, l'Agence identifie 73 substances, certaines déjà utilisées, d'autres encore au stade de la recherche et du développement. Ces substituts sont-ils sûrs pour la santé et l'environnement ? Nous n'en savons rien, répond l'Agence. « La plupart de ces composés chimiques n'ont pas fait l'objet d'essais complets dans le domaine de la toxicité. C'est particulièrement le cas des effets sur la reproduction et/ou le caractère perturbateur endocrinien », constate l'Agence. C'est qu'il ne faudrait pas remplacer une molécule dangereuse par… une autre molécule dangereuse ! « Nous préconisons d'éviter les substitutions pour lesquelles nous n'avons pas toutes les garanties d'innocuité. Il est de la responsabilité des industriels d'en faire la démonstration », déclare prudemment Marc Mortureux, le directeur de l'ANSES.

TICKET TOXIQUE

Comme l'interdiction du bisphénol A dans tous les objets de la vie courante (hors alimentaire) semble fort compliquée, voire impossible, mais qu'il faut bien donner l'impression d'agir, les ministres de l'Écologie qui se succèdent ces dernières années ont tous eu la même idée révolutionnaire : bannissons le bisphénol A des tickets de caisse [1] ! Delphine Batho l'a annoncé, Philippe Martin l'a confirmé, Ségolène Royal l'a proclamé. Qui s'agit-il de protéger ? Essentiellement les consommatrices et les caissières qui attendent un enfant (soit potentiellement quelque 800 000 femmes par an). Selon l'ANSES, « la manipulation de tickets thermiques conduit à des situations à risque pour les quatre types d'effets considérés (glande mammaire, cerveau et comportement, appareil reproducteur féminin, métabolisme et obésité) ». Des résultats à confirmer toutefois, estime l'Agence.

Certaines enseignes n'ont pas attendu les consignes ministérielles pour lancer leurs facturettes « garanties sans bisphénol A ». Une bonne nouvelle puisque 30 % du papier thermique est recyclé. Sauf que ce recyclage amplifie la contamination ! L'ANSES a en effet tracé du bisphénol A jusque dans des serviettes en papier, du papier, de l'essuie-tout, mais aussi des journaux, des magazines ou des enveloppes fabriqués avec du papier recyclé. Même si les volumes sont faibles, le papier thermique serait une source majeure de contamination au bisphénol A, compte tenu des concentrations importantes dans ce type de papiers. Il est « suspecté d'être une des principales sources de contamination de l'environnement *via* les effluents aqueux du recyclage contenant des dérivés chlorés du bisphénol A ou *via* les boues issues de stations d'épuration », constate l'ANSES.

1. Ce qui est déjà le cas dans plusieurs pays à travers le monde.

Dans la famille des bisphénols, je voudrais le B, le M, le S, le F, et leurs grands frères l'AP, l'AF et aussi le BADGE [1]. Une vraie tribu, également passée au crible par l'ANSES. Verdict : ce sont tous des perturbateurs endocriniens.

Arrêtons-nous sur le cas du bisphénol S. C'est une substance assez discrète, mais elle a déjà su faire son chemin dans la cour des grands. La preuve : l'ANSES en a retrouvé dans un quart des tickets thermiques testés. Et dans les biberons, désormais débarrassés de bisphénol A ? Il y en a ! Et dans la vaisselle pour enfants, que l'on chauffe et raie sans vergogne ? Il y en a ! Et dans les papiers recyclés ? Il y en a aussi, évidemment ! Preuve supplémentaire que la situation est compliquée : une célèbre enseigne de la grande distribution, après avoir abandonné le bisphénol S, a opté pour le pergafast 201, une substance qui affole aussi les éprouvettes [2].

Au final, l'interdiction du bisphénol A dans les contenants alimentaires peut-elle être efficace pour protéger les premières personnes concernées, à savoir les bébés, *via* leur mère enceinte ? Probablement, puisque selon l'ANSES, 80 % du bisphénol A ingéré serait d'origine alimentaire, dont la moitié proviendrait des

1. Fabriqué à partir de bisphénol A, le BADGE est fortement suspecté d'être un « obésogène ».
2. Le pergafast 201 est considéré comme « toxique pour les organismes aquatiques » et ses effets sur l'homme sont très peu connus.

boîtes de conserve [1]. Mais les médias, en relayant les alertes des associations environnementales et des agences de santé, semblent aussi très efficaces.

Entre le milieu des années 2000 et 2011, la concentration en bisphénol A dans le sang des femmes enceintes a été divisée par trois. Même si 90 % d'entre elles présentent encore des concentrations détectables, il s'agit d'une baisse spectaculaire, que l'InVS attribue aux alertes lancées sur la présence du plastifiant dans les contenants alimentaires. Cette baisse est salutaire pour le fœtus, mais aussi pour le nouveau-né. Plusieurs études ont en effet mis en évidence que le lait maternel contient, entre autres polluants, du bisphénol A, et ce à peu près aux mêmes concentrations que celui détecté… dans les biberons ancienne génération. Mais pas question d'abandonner l'allaitement pour éviter le passage des molécules toxiques du lait à l'enfant. Le lait maternel est un cadeau pour un bébé, que l'empoisonnement universel dont nous sommes les victimes ne parvient pas à gâcher.

---

1. L'autre moitié se répartirait entre les produits de la mer (de 1 à 3 %) et les viandes, les abats et de la charcuterie (17 %). La présence de bisphénol A pourrait s'expliquer par une contamination *post mortem* survenue dans la chaîne de production après l'abattage, par contact avec des ustensiles ou des étiquettes ou de l'encre selon l'Agence.

Sur notre continent, il existe une (trop) discrète Agence européenne pour l'environnement (AEE). Chargée de fournir des informations « fiables et indépendantes » aux institutions européennes, elle n'a cependant pas la langue dans sa poche. En 2013, l'AEE a publié le deuxième tome d'un rapport intitulé *Signaux précoces, leçons tardives*, qui passe en revue des cas où les avertissements ont été ignorés ou écartés jusqu'à ce que les dommages pour la santé et l'environnement deviennent inéluctables. Voilà ce qui est écrit sur le bisphénol A : « C'est toujours la même histoire qui se répète : on utilise un produit chimique à grande échelle sans en comprendre les implications sur la santé, et, après seulement, on essaie de résoudre les problèmes qui se posent pour la santé, dans un contexte de forte pression engendrée par des conséquences économiques importantes. L'urgence antagoniste entre la santé publique et les enjeux économiques place le processus scientifique sous une pression énorme. À ce titre, l'histoire du bisphénol A ressemble à celle de l'amiante, des PCB et du distilbène. »

CHAPITRE VI

SOMMES-NOUS BIEN PROTÉGÉS ?

Revenons quelques instants à l'année 1991. Theo Colborn et ses vingt camarades viennent de comprendre que les oiseaux, les reptiles, les mammifères – dont nous-mêmes, *Homo sapiens* – sont menacés dans leur chair par des produits chimiques qui perturbent leur système hormonal. Et ils ne mâchent pas leurs mots à l'heure de rédiger l'appel à l'action : « À moins que la contamination de l'environnement ne soit rapidement contrôlée et réduite, des dysfonctionnements généralisés à l'échelle de la population sont possibles. » S'attendent-ils à ce qu'une indifférence quasi générale accueille leur alerte angoissée ? Les politiques et les agences sanitaires américains organisent bien quelques auditions et groupes de travail, mais rien ne bouge dans les allées des supermarchés : pas un seul produit toxique n'est retiré.

La biologiste décide alors de rassembler dans un livre tout ce que la science a mis à jour sur les perturbateurs endocriniens. Après trois années de travail paraît *Our Stolen Future* [1], traduit et

1. Theo Colborn, Dianne Dumanoski & John Peterson Myers, *Our Stolen Future*, Abacus, 1996. La version française fut publiée chez Terre vivante en 1998.

publié en 1997 en France sous le titre *L'Homme en voie de disparition ?* Presque vingt ans plus tard, la science n'a fait que confirmer et approfondir les observations et les explications qu'il contient. Pas un mot ne peut en être retranché. En France, c'est un flop retentissant : le livre sera superbement ignoré par la presse. Et rien ne bouge.

LES LOBBIES S'ÉVEILLENT

Le livre a pourtant un parrain de poids puisque c'est Al Gore, vice-président des États-Unis de 1993 à 2001, qui en signe la préface. Et qu'écrit-il ? « [Ce] livre est d'une importance cruciale, qui nous oblige à nous poser de nouvelles questions sur les produits chimiques de synthèse que nous avons répandus à la surface de la Terre. Au nom de nos enfants et de nos petits-enfants, nous devons trouver des réponses de toute urgence. Chacun d'entre nous a le droit et le devoir de savoir. » Al Gore n'est pas né de la dernière pluie et c'est en connaissance de cause qu'il écrit aussi que « l'industrie chimique étant devenue l'un des secteurs majeurs de l'économie mondiale, tout élément tenant à établir un lien entre produits chimiques et santé publique est à même de déclencher une controverse ». Il ne croit pas si bien dire. Car c'est précisément en 1996 que cette industrie va entrer officiellement en guerre pour contrer la menace que représente, pour ses bénéfices et son image, ce qu'elle désigne sous les termes de « modulateurs endocriniens ». « Modulateurs », n'est-ce pas plus doux, moins agressif, presque musical ? Vingt ans plus tard, c'est le terme dont usent toujours certains industriels du secteur.

Toute guerre suppose une stratégie. L'industrie des produits chimiques emprunte celle que l'industrie du tabac a élaborée dans les années 1950 pour contrer la mise en cause des cigarettes dans l'augmentation des cancers du poumon. Son mot d'ordre ? Noyer le pois(s)on et gagner du temps. Ses armes ? L'entregent et l'argent qui coule à flots. Car il s'agit de travailler au corps les personnes clés et de financer des chercheurs pour qu'ils concentrent leurs travaux sur des sujets annexes, afin de détourner l'attention des vrais enjeux. Sur le papier, cela semblera tout à fait sérieux ; dans la réalité, cela ne servira à rien, ou à pas grand-chose, si ce n'est à créer de fausses polémiques scientifiques pour, *in fine*, semer le doute et repousser l'adoption d'une réglementation contraignante. Ce que le député écologiste français Jean-Louis Roumégas, auteur d'un rapport d'information sur la stratégie européenne en matière de perturbateurs endocriniens, décrit très bien : « Les lobbies industriels, amenés par leurs intérêts particuliers à rejeter l'idée d'une réglementation plus sévère, suivent une stratégie en deux temps, en intervenant le plus en amont possible, c'est-à-dire auprès des fonctionnaires et contractuels des directions générales de la Commission européenne, ainsi que des membres de leurs groupes d'experts. Ils cherchent d'abord à empêcher toute nouvelle mesure ; puis, lorsqu'une nouvelle réglementation apparaît inévitable, ils s'efforcent d'en limiter la portée, et d'en retarder l'adoption. »

Autre tactique : l'intimidation. Fred Vom Saal, ce biologiste qui a participé à la réunion de Wingspread en 1991, voit débarquer dans son laboratoire l'émissaire d'une multinationale de la chimie, très gêné par ses découvertes sur les effets délétères des faibles doses de bisphénol A sur le système reproducteur des souris. « Il nous a demandé – je le cite dans le texte : "Pouvons-nous parvenir à un arrangement qui nous serait mutuellement bénéfique, dans lequel vous retarderiez la publication de cet article jusqu'à ce que nous l'approuvions ?". » Le chercheur refuse, s'indigne publiquement et prévient : « Seuls les gens très bien établis peuvent résister à la pression que met l'industrie chimique [1]. »

À partir de 1996, les conférences scientifiques internationales se succèdent. À l'automne 1996, il ne s'en tient pas moins de trois : à Aix-les-Bains, sous l'égide de l'INSERM, à Bruxelles, à l'invitation de la Commission, au Royaume-Uni, sous l'œil attentif du lobby de la chimie. S'enchaînent ensuite d'autres congrès, d'autres symposiums, d'autres colloques ; certains produisent des déclarations inquiètes – à juste titre – qui enjoignent les politiques d'agir. Mais sans succès.

Que fait alors l'Europe ? En 1998, sept ans après la première alerte, le Parlement européen pose une première pierre, en adoptant une résolution qui invite la Commission européenne

1. Stéphane Horel, *op. cit.*, page 146.

à prendre des mesures sur la question. En mars 1999, le Comité scientifique de la toxicité, de l'écotoxicité et de l'environnement [1] identifie un « problème global potentiel » pour la faune. En décembre 1999, légère accélération du tempo : la Commission européenne publie une « Stratégie commune » sur le sujet. Jetons un voile pudique sur la fausse agitation des dix années qui suivent. Car même les méthodes pour tester les perturbateurs endocriniens, qui auraient dû être validées en 2004, n'ont pas vu le jour à la fin de 2011. Le dossier s'enlise et toute démarche de réglementation, qui aurait dû conduire à exclure des centaines de molécules, est alors méthodiquement sabotée.

Les jouets, rescapés de l'inaction ?

Enfants, évitez de sucer vos jouets en plastique. D'abord parce que l'utilisation de bisphénol A, même restreinte, est toujours autorisée pour leur fabrication. Ensuite parce que si l'Europe a banni six phtalates depuis 1999, cette interdiction se limite aux jouets destinés aux enfants de moins de 3 ans. Mais les enfants sont tête en l'air... Tout à leur plaisir de sucer, grignoter, lécher ou mâchonner à peu près tous les objets qui leur tombent sous la main, ils prennent rarement le temps de décrypter les étiquettes. « Destiné aux enfants de plus de 36 mois, contient des petits éléments détachables susceptibles d'être avalés », est-il souvent écrit sur des jouets dont on peut se demander parfois pourquoi ils sont frappés d'une telle restriction. C'est qu'opportunément réservés aux plus de 3 ans,

1. Il s'agit d'un comité d'experts sur le thème de la santé publique et de l'environnement, chargé de conseiller la Commission européenne.

ils échappent à l'interdiction et peuvent contenir des phtalates. « [Ce] marquage ne peut se justifier par le souci de réaliser des économies en matière d'essais et de mise en conformité des produits », précise en vain un guide édité par la Commission. Pourtant, c'est le cas de ces adorables petits canards jaunes qui barbotent à la queue leu leu dans la baignoire et que TOUS les enfants du monde – surtout quand ils ont moins de 3 ans – ont copieusement sucés. Ils sont en vinyle, un plastique bourré de phtalates. Le chercheur Alain Lenoir s'est livré à une expérience édifiante : il a placé dans une boîte des fourmis et des petits canards… en copeaux. « Ce jouet, et d'autres, comme les petits poneys en plastique, sont bourrés de DEHTP. En trois jours, les fourmis sont imprégnées de phtalates », raconte-t-il.

Cette substance, déjà présente dans quantité de produits en remplacement d'autres phtalates toxiques, n'est pas réputée pour être un perturbateur endocrinien. Mais il faut préciser qu'elle n'a encore fait l'objet d'aucune évaluation… L'ANSES devrait y remédier prochainement.

Le 1er juin 2007 entre en vigueur le règlement REACH (pour « Enregistrement, évaluation et autorisation des produits chimiques »), présenté comme le plus ambitieux du monde en la matière. Il vise officiellement à éliminer les substances les plus toxiques parmi celles employées dans les processus industriels, mais aussi dans notre vie de tous les jours, « par exemple dans les produits de nettoyage, les peintures et des articles tels que les vêtements, les meubles et les appareils électriques », détaille l'ECHA (European Chemicals Agency), l'agence européenne chargée de la mise en œuvre de REACH. Combien de substances sont concernées ? Sur le papier : 100 000. Mais les industriels de la chimie ont négocié âprement et réussi à faire chuter leur nombre à 30 000, en fonction du tonnage employé. Dans les faits, ce monstre technocratique qu'est REACH est loin du compte.

Six ans après son entrée en vigueur, le bilan est catastrophique. Voyez plutôt : au 1er juin 2013, ce sont en tout et pour tout quelque 200 substances qui ont été évaluées et 150 classées comme « très préoccupantes », à cause de leurs propriétés cancérigènes ou pour leur grande persistance dans l'environnement. Trois seulement l'ont été à cause de leurs effets de perturbateurs endocriniens. Trois substances, quand la base de données créée par Theo Colborn – The Endocrine Disruption Exchange (TEDX) –, qui collecte patiemment les études dédiées aux perturbateurs endocriniens, recense 964 substances problématiques. Et chaque semaine amène son lot d'études accablantes.

Pour la période 2015-2017, l'ECHA a proposé une liste de nouvelles substances à évaluer. Combien ? 134 ! Rappelons-nous que 35 millions sont commercialement disponibles aujourd'hui et que de 15 000 à 20 000 autres sont enregistrées quotidiennement…

LE PÈRE NOËL N'EST PAS PASSÉ EN 2013

L'espoir va (provisoirement) renaître en 2009 sous la forme d'un nouveau règlement européen consacré aux pesticides : il prévoit que soient adoptés des critères permettant de définir ce que sont les perturbateurs endocriniens. C'est sidérant : vingt ans après la conférence de Wingspread, on en est encore à se demander quels sont les critères qui permettront de désigner tel ou tel produit chimique comme un perturbateur endocrinien. Mais là, c'est promis juré : à Noël 2013, nous saurons officiellement qui sont les « méchantes » molécules. Mieux encore : dans un souci d'harmonisation, les biocides [1], les cosmétiques, le matériel médical, les emballages alimentaires, la réglementation sur l'eau et les produits chimiques concernés par REACH seront passés, à terme, au même crible. Exit les perturbateurs endocriniens dans les rouges à lèvres, les colliers antipuces, les antimousse des pelouses et les désodorisants pour toilettes. Autant dire que, pour l'industrie chimique, la menace est réelle.

Mais selon quels critères… déterminer ces critères ? L'enjeu est technique, il est cependant de taille. En 2011, la Commission européenne demande au professeur en toxicologie humaine Andreas Kortenkamp de faire le point sur l'état d'avancement de la science sur le sujet. Un travail solide, critique et prospectif… qui finira dans un tiroir.

En 2012, la Commission européenne commande un autre rapport à l'Agence européenne de sécurité des aliments (AESA) consacré pour ainsi dire, au même sujet. Un détail aide à comprendre ce pataquès : la moitié des experts mandatés par

1. Catégorie qui regroupe des pesticides, les antiparasitaires et les antibiotiques à usages médicaux, vétérinaires, domestiques ou industriels, les désinfectants de l'eau, de l'air, des sols, des piscines, surfaces de travail, W.C., etc.

l'AESA ont des liens avec l'industrie[1] et seuls quatre d'entre eux mènent des recherches en relation directe avec les perturbateurs endocriniens, révèle journaliste Stéphane Horel. Le rapport de l'AESA est rendu en mars 2013, sans tambour ni trompette. La confusion règne dans les couloirs de Bruxelles : c'était le but. Et ce n'est pas fini.

En mai 2013, dans une tentative désespérée de réveiller un processus en train de s'enliser, 89 éminents spécialistes des perturbateurs endocriniens s'insurgent : « Les propositions de certains États membres pour la réglementation des pesticides perturbateurs endocriniens ne reposent pas sur des principes scientifiques établis et ne sont pas suffisamment protectrices. En réglementant le moins de perturbateurs endocriniens possible, elles placent les intérêts commerciaux au-dessus de la protection de la santé humaine et de la faune et flore[2]. »

LA FABRIQUE DU DOUTE

Le feuilleton continue et les coups bas redoublent à l'approche de Noël 2013, la date butoir pour l'adoption des critères permettant de définir les perturbateurs endocriniens. L'été précédent se trame l'une de ces manœuvres tordues dont Bruxelles a le secret… Dix-huit scientifiques

1. En particulier à travers l'International Life Sciences Institute, une organisation de lobbying scientifique fondée par les principaux acteurs de la chimie, de la pharmacie, de l'agroalimentaire et de l'agrochimie.
2. C'est la déclaration de Berlaymont, du nom du bâtiment où se trouve la Commission européenne, à Bruxelles.

publient un même texte dans quatorze revues scientifiques : par ce biais, ils tentent de décrédibiliser la position scientifique fondée sur le principe de précaution qui tient alors la corde à la Commission. « C'est du jamais vu, de la part de scientifiques, d'attaquer de la sorte une intention politique », commente Stéphane Horel qui, une fois encore, va éplucher le pedigree des chercheurs en cause. Dix-sept des dix-huit signataires entretiennent ou ont entretenu des liens avec différentes industries et presque aucun n'a travaillé sur les perturbateurs endocriniens, « ce qui soulève la question de l'étendue de leurs connaissances dans ce domaine relativement neuf et donc de leurs compétences », s'interroge la journaliste. Quarante et un scientifiques, tous experts de la question, finiront par répondre vertement à ces collègues téléguidés et par démonter leurs positions peu ou mal étayées.

Tout ça pour ça ? Eh bien non. Le lobby de la chimie est arrivé à ses fins : la Commission annonce qu'elle lance une étude sur l'impact économique qu'aurait la nouvelle réglementation sur la filière des pesticides et des biocides. « L'enjeu est de placer le curseur au bon endroit : suffisamment protecteur pour la population sans une surexpression du principe de précaution pouvant être à l'origine d'entrave au développement de l'innovation et d'une perte de compétitivité des entreprises (déstabilisation importante de pans entiers de l'industrie chimique, pharmaceutique, de biocides…) », écrit l'industrie, ravie. « Une démarche contradictoire avec le principe de précaution, qui exige de se conformer aux dangers sanitaires et environnementaux mis en évidence par les travaux scientifiques », dénonce Jean-Louis Roumégas, qui rappelle que l'industrie du tabac plaide depuis les années 1990 en faveur de ces études d'impact, « afin de contrecarrer la régulation sanitaire et environnementale ». Sa plus grande crainte, c'est que l'étude d'impact préconise de subordonner l'élimination des substances dangereuses à l'existence d'une molécule capable de les remplacer sur le marché. Le processus sera-t-il totalement inutile ? s'interroge le député. Non, « mais [ces études] souffrent forcément d'un biais, dans la mesure où il est plus aisé de chiffrer les impacts d'une réglementation en termes de productivité et d'emploi que de mesurer ses conséquences sanitaires et environnementales ». Lobby 1 – Santé 0 ! La définition des perturbateurs endocriniens a encore pris un an de retard.

Entre la « date de naissance des perturbateurs endocriniens », en 1991, et le moment où l'Europe enterre de nouveau le problème sous son inaction fin 2013, 31 millions d'Européens sont nés. Certains ont eu le temps d'atteindre la puberté et d'autres d'avoir des enfants. Leur charge chimique, elle, n'a fait qu'augmenter. Mais qui dénoncera le coût humain et sanitaire des renoncements politiques ?

Ma Sécu va craquer !

Combien ça coûte… de ne rien faire ?

Plutôt que de se demander combien cela coûterait à l'industrie de modifier ses pratiques, des économistes ont tenté d'évaluer le poids financier qu'ont d'ores et déjà les perturbateurs endocriniens sur le système de santé. Car, entre les journées d'hospitalisation, les opérations chirurgicales, les traitements médicamenteux, les arrêts de travail, les douleurs psychiques engendrées par la maladie, etc., les affections et les troubles liés aux perturbateurs endocriniens pèsent déjà lourdement sur les systèmes de santé. L'exercice est méthodologiquement périlleux, puisqu'il est impossible de prouver à 100 % que tel cancer a été causé par l'exposition à tel produit chimique à tel moment. Toutefois, des indices solides se dégagent, avec l'augmentation brutale et forte de nombreuses pathologies.

Selon les calculs d'une ONG [1], les problèmes d'infertilité, les malformations de l'appareil génital des petits garçons, les cancers hormonodépendants, l'obésité, le diabète et les troubles autistiques et neurocomportementaux des enfants attribués aux perturbateurs endocriniens coûtent environ 31 milliards d'euros par an au niveau européen (sur les 637 milliards d'euros que coûtent ces pathologies, toutes causes confondues). Et pour la Sécurité sociale française ? Au bas mot 4 milliards d'euros par an, sur les 82 milliards dépensés au total pour ces pathologies !

Leonardo Trasande, professeur américain de pédiatrie et de santé environnementale a, quant à lui, estimé que les maladies coronariennes et l'obésité infantile attribuables à l'exposition au seul bisphénol A coûtent chaque année près de 2,2 milliards d'euros au système de santé américain. Son interdiction dans les seuls usages alimentaires permettrait d'économiser près de 1,74 milliard d'euros, a-t-il chiffré.

Enfin, des chercheurs des pays scandinaves ont calculé que, pour les seuls problèmes de l'appareil

1. Il s'agit de HEAL (Health and Environment Alliance), qui rassemble 65 associations de la société civile, des syndicats de soignants et des mutuelles. L'étude a été commandée à deux économistes britanniques.

reproductif masculin – pour lesquels le lien de causalité est le plus clairement établi –, il en coûte chaque année aux 28 États européens entre 59 millions et 1,184 milliard d'euros, selon que l'on considère le rôle plus ou moins important de la chimie de synthèse dans la survenue de ces maladies.

Last but not least, le rôle délétère de certaines substances sur le développement du cerveau amène plusieurs scientifiques à lancer une alerte sur la baisse des capacités cognitives de la population. Et à chiffrer son coût, en convertissant en dollars le fardeau économique que constitue la perte de points de quotient intellectuel (QI). Une étude américaine récente a montré que les enfants les plus exposés *in utero* à des phtalates perdent jusqu'à 7,6 points de QI à l'âge de 7 ans par rapport aux enfants les moins exposés. Est-ce inquiétant ? À l'échelle d'une population, cela signifie une baisse conséquente du nombre de surdoués (– 60 %) et une hausse importante des individus considérés comme handicapés mentaux. Soit moins d'intelligence « classique » et plus de prises en charge de la part de la collectivité. Impossible de chiffrer le coût « intellectuel » des perturbateurs endocriniens et leur répercussion sur le développement des nations, mais la question est posée.

CHAPITRE VII

QUELQUES CONSEILS POUR SE METTRE À L'ABRI

Avant de lire les pages qui suivent, assurez-vous que vous disposez d'un grand sac-poubelle (en papier) et d'une dose importante de bonne humeur. Les deux vous seront sûrement utiles pour y déposer – sans trop souffrir – tous les objets dont vous risquez de vouloir vous débarrasser. Car les perturbateurs endocriniens se combattent par le vide ! À notre échelle de citoyens tributaires de décisions politiques qui tardent à nous protéger, la seule solution dont nous disposons consiste à nous tenir à distance le plus possible de tous ces objets qui contiennent des substances identifiées comme toxiques. Pas une once de paranoïa dans cette affirmation : c'est sur la chimie de synthèse – et son corollaire, le plastique – que notre société « moderne » s'est construite ces soixante dernières années. Dans l'enthousiasme et sans garde-fou.

Nous vous proposons une promenade, peut-être un peu éprouvante mais salutaire, dans votre maison. Nous entrerons dans la cuisine et le salon, nous ouvrirons votre frigo et votre armoire, nous visiterons la chambre et la salle de bains, pour y dénicher ces produits dont la science nous apprend qu'ils contiennent des perturbateurs endocriniens. Pas question de dénoncer des « marques toxiques » ou de recommander des « enseignes vertueuses » ; « l'hygiène chimique » est un chemin personnel, que chacun adoptera à sa mesure.

L'AIR INTÉRIEUR

La respiration est une voie d'entrée importante des polluants. Alors aérez au maximum toutes les pièces et faites la chasse aux moutons de poussière le plus souvent possible, car les toxiques s'y accumulent. Déchaussez-vous en entrant pour éviter d'introduire des pesticides qui finiront incrustés dans le tapis et la moquette. Évitez les appareils électroniques dans les chambres, qui exhalent des retardateurs de flamme. Limitez l'usage de tout ce qui ressemble à un parfum d'intérieur (bougies, encens).

LA SALLE DE BAINS

La salle de bains est une zone à risques. S'y trouvent des perturbateurs endocriniens en pagaille, tels des parabènes (utilisés comme conservateurs), du triclosan et du triclocarban (utilisés dans les savons antimicrobiens) ou de la benzophénone (utilisée dans les crèmes solaires et qui a montré des effets sur la fertilité masculine). Un institut a dénombré environ 7 000 produits de beauté et d'hygiène contenant un ou plusieurs perturbateurs endocriniens. En tête des produits à regarder de travers : les vernis à ongles (74 %), suivis des fonds de teint (71 %), du maquillage pour les yeux (51 %), des démaquillants (43 %), des rouges à lèvres (40 %), des crèmes pour le visage (38 %), des dentifrices (30 %) et des shampooings (24 %). Les siloxanes (ou silicone, qu'on retrouve notamment dans les après-shampooings) sont classés parmi les perturbateurs endocriniens. Deux muscs synthétiques, utilisés très couramment en parfumerie, présentent également une activité hormonale.

« Vive le savon ! », c'est le cri du cœur de Philippe Perrin, éco-infirmier spécialisé dans les questions de pollutions et de santé. Il recommande de bannir les parfums, les désinfectants et les listes à rallonge d'ingrédients. Fini le gel douche aux senteurs de tarte tatin (*sic*), dehors les lotions « hypoallergéniques » qui ne veulent rien dire. « Plus le produit est "brut", naturel, moins on court le risque de tomber sur un composé douteux. D'autant que certains ingrédients sont fabriqués avec des composés qui n'apparaissent pas sur l'étiquette, puisque la législation ne l'impose pas. Dans ces conditions, vous ne pouvez pas contrôler la composition des produits », prévient-il. Et de lister quelques questions à se poser pour choisir ses cosmétiques : quels sont les produits que j'utilise le plus fréquemment ? Est-ce que je les utilise sur une grande surface corporelle ? Avec ou sans rinçage ? Sur une peau saine ou lésée ? En fonction de cette grille, il faut par exemple être très exigeant avec une crème hydratante étalée sur tout le corps au quotidien.

Le danger ne réside pas seulement à l'intérieur des flacons : le rideau de douche, souvent en PVC, est un nid à phtalates et pourra être facilement remplacé par un rideau en coton, en nylon ou en résines. Ou par une porte en verre. Les heureux propriétaires de petits canards jaunes qui barbotent dans la baignoire apprendront avec stupéfaction – surtout si leurs enfants les ont abondamment sucés – que leurs compagnons de baignade sont bourrés de DEHTP, un phtalate de substitution qui n'a pas encore été évalué. Le sacrifice du palmipède, à réaliser à l'abri des regards, est une étape difficile à passer, mais qui vous rendra capables de tout par la suite !

LE MÉNAGE

Commencez par une tournée d'inspection, en ouvrant le placard où sont rangés les produits d'entretien. Les désodorisants à la « brise de cascade », le produit vaisselle parfumé à la mûre des bois, la mousse magique qui décape votre four (et vos poumons)... Tout cela coûte cher et pollue beaucoup l'intérieur des maisons, même si ce ne sont pas forcément des perturbateurs endocriniens. Et ça n'est pas la lecture des étiquettes qui va vous renseigner : non seulement elles sont souvent lapidaires et rédigées dans un vocabulaire abscons, mais surtout elles ne renseignent pas sur les émissions réelles dans l'air. Une étude réalisée par le Centre scientifique et technique du bâtiment montre que, pour dix familles de produits répertoriées sur un flacon, jusqu'à 300 substances peuvent être repérées après analyse, sans pour autant qu'on sache de quelles molécules il s'agit. Sans compter que ces nouvelles molécules se combinent à l'envi avec les polluants déjà présents à l'intérieur. Moralité : pas la peine d'en rajouter !

Que faire ? Adoptez le vinaigre blanc, le savon noir et le bicarbonate de soude. Ils nettoient, désinfectent, récurent, détartrent, décapent, assouplissent et dégraissent parfaitement. Quitte à les additionner de quelques cristaux de soude pour décaper le four et de quelques gouttes d'huiles essentielles. Il existe quantité de guides pour un ménage « naturel ».

LA CUISINE

Beaucoup de plastiques sont soupçonnés d'être des perturbateurs endocriniens. Alors, par précaution, mieux vaut dire adieu aux spatules souples, ramequins incassables et boîtes de toutes tailles si pratiques. À la poubelle le robot mixeur à bol translucide (bisphénol A), la bouilloire en plastique (*idem*) et les poêles à fond antiadhésif (à base de composés perfluorés). Le verre, l'acier inoxydable, la fonte émaillée et une bonne spatule en bois remplaceront facilement tous ces objets.

Bannissez également les boîtes de conserve et les canettes de boisson chemisées de bisphénol A, au profit des bocaux en verre. Même si les couvercles et les capsules sont recouverts d'un film… de bisphénol A. Tous les récipients alimentaires doivent théoriquement être exempts de ce (seul) perturbateur endocrinien depuis le 1er janvier 2015.

AB, le logo du bio. C'est le mantra de celles et ceux qui veulent éviter les pesticides dans leur alimentation. L'agriculture biologique permet aussi de se tenir à distance des OGM, des antibiotiques et des engrais de synthèse. Certains additifs alimentaires [1] et plusieurs conservateurs [2] sont suspectés d'être des perturbateurs endocriniens. Le meilleur moyen de s'en garder, c'est de ne pas acheter de plats préparés ; en clair, d'en faire le maximum soi-même, à partir d'ingrédients « bruts ». D'autant que les plats tout prêts sont le plus souvent vendus sous emballage plastique, dont le chauffage favorise la migration des polluants dans les aliments.

Les poissons gras ne doivent pas être consommés plus d'une fois par semaine. Ils contiennent des acides gras oméga 3 intéressants pour la santé. Mais le saumon, par exemple, concentre aussi certains polluants comme les PCB, des pesticides et les dioxines, qui sont des perturbateurs endocriniens.

Et le paquet de pâtes entouré de plastique ? Et les gâteaux dans leur emballage translucide ? Et la tranche de jambon qui baigne dans une barquette transparente ? On n'en sait rien, en

1. Comme le BHA (E320), un cancérigène qu'on trouve dans des produits chocolatés, des sauces et des chewing-gums, des emballages alimentaires et des cosmétiques. Cet additif, utilisé comme antioxydant et conservateur, est associé à une baisse des niveaux de testostérone et d'hormones thyroïdiennes et à des malformations des spermatozoïdes.
2. Comme plusieurs parabènes (E 214/215/218/219).

vérité, faute d'étude. Face à cela, plusieurs attitudes. Cuisiner des produits « bruts » et qui auront eu le minimum de contacts avec des plastiques. Privilégier la nourriture vendue dans des emballages en papier. Acheter des denrées vendues « en vrac » dans les magasins bio, le plus souvent servies dans des sachets kraft. Faire le marché muni de bocaux en verre pour y transporter les aliments vendus à la coupe. Ou bien renoncer à avoir prise sur cet aspect des choses, faute de temps ou d'envie. Le fait de s'offrir une alimentation essentiellement issue de l'agriculture biologique constitue déjà une protection importante.

LA CHAMBRE

Couettes, draps, matelas, coussins : tous sont traités pour notre bien, au risque de nous faire du mal. Il y a d'abord les retardateurs de flamme bromés : pour le cas où il vous prendrait l'envie de fumer au lit, les fabricants incorporent des produits « antifeu » dans la literie. Pour les repérer, une seule étiquette, libellée d'un sibyllin « Conforme aux exigences du décret n° 2000-164 du 23 février 2000 ». On trouve ensuite des antitaches, qui empêchent les graisses et l'humidité de pénétrer les fibres. Le plus connu d'entre eux : le PFOA, utilisé pour les poêles antiadhésives. Le linge de maison subit également des traitements antiacariens à la perméthrine, un insecticide très toxique, comme l'a dénoncé le mensuel *60 millions de consommateurs*.

Le placard à habits contient aussi des perturbateurs endocriniens. Des composés perfluorés dans les vêtements imperméables, des phtalates dans les plastiques utilisés pour imprimer en sérigraphie des images et des logos, des nonylphénols en guise de tensio-actifs dans les textiles. Voilà la moisson de l'ONG Greenpeace, qui dénonce les conséquences de leur dispersion pour la santé des travailleurs et pour les écosystèmes des pays où sont manufacturés nos habits. Il est conseillé de laver les vêtements neufs avant de les porter, afin d'évacuer les pesticides utilisés pour la culture du coton. Des produits qui atterriront, *via* le réseau d'évacuation, dans les cours d'eau et l'océan.

LA SANTÉ

Pas question d'arrêter un traitement en apprenant qu'un médicament contient un perturbateur endocrinien. C'est au médecin d'évaluer le rapport bénéfices/risques. Mais il est important de savoir que nombre de prescriptions et de dispositifs médicaux en contiennent et que certains médicaments ont des effets non désirés sur le système hormonal.

Les antalgiques

C'est notamment le cas de l'aspirine, de l'indométacine [1] et du paracétamol. Ces antalgiques, les plus consommés en France, « pourraient bien

1. Un anti-inflammatoire non stéroïdien.

agir comme des perturbateurs endocriniens, au même titre que le bisphénol A ou les phtalates tant décriés », écrit l'INSERM. La découverte, annoncée en juin 2013 par le professeur Bernard Jégou, directeur de l'Institut de recherche, santé, environnement et travail (IRSET) à Rennes, a été accueillie dans une indifférence quasi générale. Pourtant, c'est extrêmement préoccupant, puisque le paracétamol est à peu près le seul médicament « de confort » que la femme enceinte est autorisée à prendre. Quantité d'études suggèrent pourtant l'existence d'un lien entre la prise de ces antalgiques pendant la grossesse et la cryptorchidie chez l'enfant. Des cellules de testicules d'hommes exposées à des antalgiques ont montré des troubles de la production de testostérone. L'alerte a été lancée auprès des athlètes de haut niveau qui en consomment beaucoup. En attendant de s'adresser aux femmes enceintes ?

Les enrobages

Des phtalates entrent dans la composition des plastifiants utilisés pour les enrobages gastrorésistants des comprimés ou des formes à libération prolongée. La lecture du dictionnaire médical Vidal ne vous renseignera pas forcément sur leur présence. La situation a été bien identifiée par l'Agence nationale de sécurité des médicaments (ANSM), qui se contente de relayer les alertes de l'Agence européenne des médicaments lorsque certaines spécialités en contiennent « en quantité supérieure au seuil recommandé ». Une aberration au plan toxicologique. D'autant que les patients peuvent avaler plusieurs médicaments, dont les phtalates se cumulent. Une bonne vingtaine de spécialités de génériques (déclinés en 77 dosages) contiennent des phtalates, dont aucun n'est classé comme « excipient à effet notoire ».

Les dispositifs médicaux

À compter du 1er juillet 2015, l'utilisation de tubulures comportant un certain phtalate (le DEHP) est interdite dans les services de pédiatrie, de néonatologie et de maternité. En 2011, une étude de l'InVS mettait en lumière que les femmes accouchant par césarienne ou à l'aide de forceps présentaient en moyenne des concentrations plus élevées en bisphénol A et en phtalates dans les urines que celles qui accouchent naturellement. Un relargage provenant probablement du plastique des poches urinaires et des perfusions utilisées notamment lors de césariennes. Deux autres phtalates pourraient aussi être bannis de l'ensemble des dispositifs médicaux, sous réserve de matériaux de substitution fiables.

Les soins dentaires

Les composites dentaires, qui servent à obturer les caries, ainsi que les résines de scellement de sillons dentaires contiennent du bisphénol A, puisqu'ils sont formés à partir de résines époxy. Les « effets indésirables » de la présence de bisphénol A dans ce lieu très vascularisé et perméable du corps seraient en cours d'étude, assure l'Ordre national des chirurgiens-dentistes. Il y a péril en la demeure, puisque les fameux plombages – appelés aussi amalgames dentaires – contiennent du mercure, un reprotoxique, un neurotoxique, un immunotoxique et un perturbateur endocrinien. Or il pourrait vivre ses dernières heures sous nos latitudes [1]. Attention à ne pas déposer vos plombages (qui ne contiennent pas de plomb) sans d'infinies précautions, car ils sont toxiques pour le dentiste et pour vous-même.

LES BÉBÉS ET LES ENFANTS

Les vêtements

Lavez les habits neufs au moins une fois avant d'en vêtir votre petit. Les dessins plastifiés sur les vêtements sont à proscrire, car la probabilité qu'ils comportent des phtalates est élevée.

La vaisselle

Pour les assiettes, les bols et les timbales, privilégiez la céramique ou le verre. L'inox, durable et sans risque aucun, constitue aussi une bonne alternative puisqu'il est incassable. De plus en plus de sites internet « bio » vendent de la vaisselle pour enfant en inox.

S'il est plus délicat d'opter pour les biberons en verre – ça casse vite ! –, ceux en inox n'ont que des qualités. Ils sont résistants à tous les

1. La France est la première consommatrice de mercure dentaire en Europe, avec 30 % du volume européen. L'usage du mercure dentaire tend à disparaître dans la majorité des pays du monde.

outrages, ne gardent pas les odeurs et chauffent très vite. Seul bémol : leur prix un peu plus élevé qu'un biberon en plastique.

Évitez la vaisselle en mélamine [1] : elle est garantie sans bisphénol A et sans phtalates, mais vous pourrez y trouver du formaldéhyde (un gaz probablement cancérigène) et des amines aromatiques primaires (des dérivés de l'ammoniaque qui se forment à partir de substances du plastique), surtout si les produits ont été fabriqués en Chine ou à Hongkong.

Les lingettes

Vive le gant de toilette, l'eau, le savon et le liniment (mélange d'huile d'olive et d'eau de chaux). Vérifiez bien que ce dernier n'a pas été additionné d'autres composés, ce qui est malheureusement fréquent.

Le magazine *Que Choisir* a analysé la composition de lingettes destinées aux enfants et a détecté des perturbateurs endocriniens dans plusieurs d'entre elles. Une vraie préoccupation puisqu'elles sont appliquées sans rinçage et plusieurs fois par jour sur une peau de bébé souvent irritée.

Les jouets

Plus ils viennent de loin, plus il est difficile de connaître leur composition et leur mode de production. Des labels « écologiques » vous guideront. L'ONG Women in Europe for a Common

---

1. Il s'agit d'un plastique dur et léger à la fois, résistant à la chaleur et aux chocs.

Future (WECF) a édité un guide simple et efficace. En résumé, il est plus prudent d'éviter les poupées en plastique, les peluches en synthétique, les jouets en bois peints (plomb) ou vernis, ainsi que ceux en plastique (phtalates, bisphénol A). Passez à la machine les jouets qui le peuvent avant utilisation, optez pour des feutres et des peintures labélisés. Bon à savoir : les cadeaux publicitaires et les objets de décoration ne sont pas soumis à la réglementation des jouets.

Évitez les travaux de bricolage pendant la grossesse et dans la chambre de bébé. Choisissez si possible des matériaux sains en réduisant la présence de moquettes, de textiles synthétiques, de bois aggloméré (formaldéhyde de la colle) et de revêtements plastiques.

Ces pages contiennent des nouvelles pénibles et dérangeantes. Mais essayons de voir les choses sous un autre angle : découvrir l'existence des perturbateurs endocriniens est une chance. Car comment se prémunir contre quelque chose dont on ignore tout, à commencer par son existence ? Maintenant, vous savez.

BIBLIOGRAPHIE

OUVRAGES GÉNÉRAUX

AUBERT CLAUDE, *Espérance de vie, la fin des illusions*, Terre vivante, 2006.

AUBERT CLAUDE & AUBERT EMMANUELLE, *Manger sain pour 3 fois rien*, Terre vivante, 2009.

AUBERT CLAUDE, LEFEBVRE ANDRÉ & LAIRON DENIS, *Manger bio c'est mieux !* Terre vivante, 2012.

CICOLELLA ANDRÉ, *Toxique planète*, Seuil, 2013.

COLBORN THEO, DUMANOSKI DIANNE & MYERS JOHN PETERSON, *L'Homme en voie de disparition ?* Terre vivante, 1998.

FOUCART STÉPHANE, *La Fabrique du mensonge, comment les industriels manipulent la science et nous mettent en danger*, Denoël Impacts, 2013.

HOREL STÉPHANE, *La Grande Invasion : enquête sur les produits qui intoxiquent notre vie quotidienne*, éditions du Moment, 2008.

JOBERT MARINE & VEILLERETTE FRANÇOIS, *Le Vrai Scandale des gaz de schiste*, Les Liens qui libèrent, 2011.

JOUANNET PIERRE, JÉGOU BERNARD & SPIRA ALFRED, *La Fertilité est-elle en danger ?* La Découverte, 2009.

MARANO FRANCELYNE, BAROUKI ROBERT & ZMIROU DENIS, *Toxique ? Santé et environnement : de l'alerte à la décision*, Buchet/Chastel, 2015.

MÉAR GEORGES, *Nos maisons nous empoisonnent, guide pratique de l'air pur chez soi*, Terre vivante, 2003.

NICOLINO FABRICE, *Un empoisonnement universel : comment les produits chimiques ont envahi la planète*, Les Liens qui libèrent, 2014.

NICOLINO FABRICE & VEILLERETTE FRANÇOIS, *Pesticides : révélations sur un scandale français*, Fayard, 2007.

RIEUSSEC MARTIN, *Vous avez dit cancer ? Des causes expérimentales à la prévention*, éditions Jouvence, 2010.

ROBIN MARIE-MONIQUE, *Notre poison quotidien. La responsabilité de l'industrie chimique dans l'épidémie des maladies chroniques*, La Découverte, 2013.

SÉRALINI GILLES-ÉRIC, *Nous pouvons nous dépolluer !* Josette Lyon, 2009.

VEILLERETTE FRANÇOIS, *Pesticides, le piège se referme*, Terre vivante, 2002.

WECF (dir), *Menace sur la santé des femmes, expositions aux perturbateurs endocriniens et dangers pour la santé reproductive féminine*, Yves Michel, 2012.

ZIMMER ANNE-CORINNE, *Polluants chimiques, enfants en danger*, L'Atelier, 2007.

RAPPORTS SCIENTIFIQUES ET OFFICIELS

- « État de l'art sur les perturbateurs endocriniens, extraits choisis concernant les pesticides perturbateurs endocriniens », rapport OMS-PNUE.
- « Perturbateurs endocriniens, le temps de la précaution », rapport de M. Gilbert Barbier, fait au nom de l'Office parlementaire d'évaluation des choix scientifiques et technologiques, n° 765 (2010-2011) – 12 juillet 2011.
- « Pesticides : vers le risque zéro », rapport d'information n° 42 (2012-2013) de Mme Nicole Bonnefoy, fait au nom de la Mission commune d'information sur les pesticides, déposé le 10 octobre 2012.

- « Pesticides, effets sur la santé », Expertise collective INSERM, juin 2013.
- « Reproduction et environnement », Expertise collective INSERM, 2011.

LES ASSOCIATIONS

- Association santé environnement France [www.asef-asso.fr/e].
- EDC Free Europe, qui milite contre les perturbateurs endocriniens au plan européen [www.edc-free-europe.org].
- Générations cobayes, en direction des jeunes [www.generationscobayes.org].
- Générations futures, dédiée aux pesticides et aux perturbateurs endocriniens [www.generations-futures.org].
- Non au mercure dentaire [www.non-au-mercure-dentaire.org].
- Réseau environnement santé [reseau-environnement-sante.fr/].
- The Endocrine Disruption Exchange (TEDX), l'association de Theo Colborn a rassemblé dans un tableau dynamique les évolutions du fœtus, semaine après semaine, avec les effets recensés de cinq familles de perturbateurs endocriniens sur le développement embryonnaire [endocrinedisruption.org/prenatal-origins-of-endocrine-disruption/critical-windows-of-development/timeline-test].
- Women in Europe for a Common Future (WECF) a monté un projet intitulé « Nesting, protégez votre enfant en créant un intérieur sain » [www.projetnesting.fr] et propose d'excellents guides pratiques.

QUELQUES SITES INTERNET POUR ALLER PLUS LOIN

- Le site www.perturbateurs-endocriniens.fr regroupe les références des études utilisées pour cet ouvrage et donne des informations complémentaires sur le sujet.
- Le Centre Léon-Bérard de Lyon, spécialisé dans le cancer, consacre un dossier très riche aux perturbateurs endocriniens [www.cancer-environnement.fr/274-Perturbateurs-endocriniens.ce.aspx].
- Le site de l'Institut national de l'environnement industriel et des risques consacré à la substitution du bisphénol A [www.ineris.fr/substitution-bpa/fr/FAQ].
- Pour connaître la qualité de l'eau à votre robinet [www.sante.gouv.fr/qualite-de-l-eau-potable.html].
- Le site très documenté de la journaliste Stéphane Horel [www.stephanehorel.fr].
- « Passeur de sciences », le blog de Pierre Barthélémy, [passeurdesciences.blog.lemonde.fr].
- Le site de Philippe Perrin, éco-infirmier : http://www.ecoinfirmier.com/

LES PRINCIPAUX PERTURBATEURS ENDOCRINIENS CONNUS

BISPHÉNOL A : composé chimique issu de la réaction entre phénol et acétone, utilisé dans la fabrication de plastiques, comme les résines époxy (qui tapissent boîtes de conserve et canettes de boisson) et le polycarbonate. Il est mis en cause dans l'explosion des cas de troubles du comportement et de la reproduction, de l'obésité, de cancers hormono-dépendants ou de maladies cardio-vasculaires.

COMPOSÉS PERFLUORÉS : utilisés dans les peintures, les ustensiles de cuisine, les traitements antitaches et les vêtements imperméables, il en existe près de 800, qu'on retrouve aussi dans l'eau et les poussières des maisons. Ils interfèrent avec le fonctionnement de la glande thyroïdienne et imitent les œstrogènes.

DIOXINES : substances produites par la combustion (industries, feux de forêt, éruptions volcaniques). Une fois dans le corps, elles y restent de longues années. Plus de 90 % de l'exposition humaine passe par l'alimentation, principalement la viande, les produits laitiers, les poissons et les fruits de mer. Des malformations congénitales, une toxicité fœtale, des altérations du développement de l'enfant et des troubles endocriniens sont corrélés à la présence de dioxines.

HYDROCARBURES AROMATIQUES POLYCYCLIQUES (HAP) : constituants naturels du charbon et du pétrole, ou qui proviennent de la combustion incomplète de matières organiques telles que les carburants, le bois, le tabac. Ils sont présents dans l'air, l'eau ou l'alimentation.

MÉTAUX LOURDS

Cadmium : métal utilisé dans les batteries rechargeables, les engrais, les colorants ou comme stabilisant du PVC. Il est très toxique, notamment pour les reins, même à faibles concentrations, il freine la croissance du fœtus et est responsable de retards du développement mental chez l'enfant. Alors que la valeur toxicologique de référence est fixée à 2,5 µg/g de poids corporel par semaine, la consommation hebdomadaire serait de 4,85 µg/kg. Une imprégnation qui ne fait que croître (+ 400 % entre 2004 et 2014 selon l'ANSES). La fumée de cigarette représente 75 % de l'exposition, suivie des fumées et poussières industrielles et des engrais.

Mercure : le vif-argent perturbe le fonctionnement des hormones thyroïdiennes et sexuelles, modifie la concentration hormonale et intoxique directement les glandes endocrines. L'alimentation constitue 20 % des apports en mercure (dont presque 50 % imputables aux poissons), le reste provenant de l'eau, de l'air, et de produits non alimentaires tels que les amalgames dentaires, les produits de beauté, les cigarettes, l'alcool, les drogues illicites et les médicaments.

Plomb : métal toxique, mutagène, reprotoxique et perturbateur endocrinien. Les enfants y sont surtout exposés *via* le lait, l'eau, la peinture au plomb, la poussière et la contamination du sol ; les adultes par les boissons alcoolisées, le pain et l'eau. Selon de récents chiffres de l'InVs, 50 % des enfants de 1 à 6 ans et 75 % des adultes de 18 à 74 ans présenteraient une plombémie supérieure à 15 µg de plomb par litre de sang (le seuil de saturnisme est actuellement avéré au-dessus de 100 µg/l).

Parabènes : antibactériens et antifongiques très utilisés comme conservateurs dans les cosmétiques (shampooings, crèmes hydratantes, mousses à raser, etc.), les médicaments, les aliments, les produits du tabac, certains produits ménagers (lessives) et qui entrent dans la formulation de vernis, colles, adhésifs et cirages. Allergisants, ils sont aussi suspectés d'entraîner des troubles de la reproduction.

PCB : utilisés jusqu'en 1987 dans les transformateurs électriques, les fours à micro-ondes ou les peintures, ils forment une famille de 209 composés cancérigènes qui empoisonnent les milieux terrestres et aquatiques pour des décennies encore ; l'alimentation constitue la principale source d'exposition, surtout *via* les produits d'origine animale (poissons, viande, œufs, produits laitiers).

Pesticides : La famille des pesticides compte en son sein de nombreux perturbateurs endocriniens. En 2007, une étude en recensait 127 [1], quand la base de données de Theo Colborn compte plus de 350 ingrédients utilisés dans les formulations de pesticides (matières actives ou adjuvants) pour lesquels au moins une étude scientifique montre un effet perturbateur endocrinien. Les principales familles de pesticides sont les pyréthinoïdes de synthèse (des insecticides très utilisés y compris dans les insecticides ménagers) ou les insecticides organophosphorés (encore utilisés en agriculture), les fongicides agricoles de la famille des azoles. Des pesticides aussi connus que le glyphosate (matière active du Round Up de Monsanto) ou le fipronil (matière active insecticide très toxique pour les abeilles) sont également soupçonnés d'être des perturbateurs endocriniens. L'atrazine, un herbicide persistant interdit depuis plus de dix ans en France,

1. McKinlay R., Plant J.A., Bell J.N.B & Voulvoulis N., « Endocrine disrupting pesticides: Implications for risk assessment », *Environment International*, 34 : 108-183, 2008.

est encore très présente dans l'eau potable. Il s'agit d'un perturbateur endocrinien, suspecté de perturber le développement du fœtus.

PHTALATES : plastifiants qui entrent entre autres dans la composition du polychlorure de vinyle (PVC), auquel ils confèrent de la flexibilité. Présents à des concentrations élevées (plus de 50 % du poids) dans quantité d'objets courants (ballon, nappe, tuyau, rideau de douche, imperméable, colle, lubrifiant, fils et câbles, dallage, etc.), ils sont suspectés d'effets sur le développement du fœtus et du nouveau-né et sur la fertilité.

POLLUANTS ORGANIQUES PERSISTANTS (POPs) : très toxiques, se dégradent très difficilement et s'accumulent dans les organismes vivants. Ils voyagent sur de très longues distances par la voie des airs et par l'eau. Ils font l'objet d'une règlementation internationale par la convention de Stockholm, entrée en vigueur en 2004.

RETARDATEURS DE FLAMME BROMÉS : famille de produits chimiques contenant du brome, qui sont ajoutés à une grande variété de produits pour les rendre moins inflammables ; utilisés couramment dans les plastiques, les textiles et les équipements électriques/électroniques, ils sont suspectés d'effets sur la thyroïde et le foie et de perturber la reproduction.

TRICLOSAN ET TRICLOCARBAN : antibactériens et antifongiques, présents dans des centaines de produits d'hygiène corporelle (savon pour les mains, mousse à raser, déodorants, dentifrice, etc.) et d'objets de la vie courante (planche à découper, sacs-poubelle, literie, jouets). Le premier, en plus d'être cancérigène, est suspecté de bloquer la production d'œstrogène, tandis que le second agirait sur la testostérone. Ils ne sont pas détruits par les stations d'épuration, dont les boues ainsi contaminées sont épandues sur les sols, dont ils dérèglent le bon fonctionnement.

TABLE

PRÉFACE 11

AVANT-PROPOS À CE MONDE QUI NOUS PERTURBE 13
Résister 13
Lis ce livre ! 15

I. ALLÔ MAMAN BOBO 17
Cent soixante-trois molécules 18
Bébés chimiquement modifiés 19
L'aigle dévisse 20
Oiseaux « homosexuels » et petits zizis... 21
Theo Colborn, la pionnière 22
Wingspread, une réunion historique 24

II. VOYAGE AU PAYS DES HORMONES 27
Des effets sur une, deux, trois... générations 28
Le système endocrinien 30
L'intranet hormonal 33
Le cheval de Troie hormonal 34
Maintenant ou jamais 36
Des effets différés et transgénérationnels... 38
Un cocktail, sinon rien ! 39

III. UNE ÉPIDÉMIE DE MALADIES CHRONIQUES 43
À la recherche du lien de causalité........ 44
La preuve de la charge 45
Les cancers ? 46
Les pubertés précoces ? 47
Les malformations génitales chez les petits garçons ? 49
Où sont passés les spermatozoïdes ? 51
Le diabète de type 2 ? 53
L'obésité ? 54
L'autisme ? 55
D'autres maladies à investiguer 56

IV. ILS SONT PARTOUT 59
Dose journalière (in)admissible 60
Migrations clandestines 61
Petits polluants deviendront gros 62
Eau morte 64
Les rivières ne manquent pas de cachet 65
Bouteille *or not* bouteille ? 66
Des phtalates dans le PET ? 68
Retenez votre respiration 69
Le fond de l'air est chargé 71

V. BISPHÉNOL A, DU BIBERON À LA SUBSTITUTION ? 73
Le plastique était vivant 74
Totale imprégnation 76
Biberon toxique 77
Ticket toxique 81
Le mieux est l'ennemi du bien 83
L'histoire bégaie 85

VI. SOMMES-NOUS
BIEN PROTÉGÉS ? 87
Les lobbies s'éveillent........ 88
Infiltrer la science en marche........ 90
Le Père Noël n'est pas passé en 2013... 93
La fabrique du doute 95

VII. QUELQUES CONSEILS
POUR SE METTRE À L'ABRI........ 101
L'air intérieur 102
La salle de bains 102
Le ménage........ 104
La cuisine........ 105
L'alimentation 106
La chambre 107
La santé 108
Les antalgiques 108
Les enrobages........ 109
Les dispositifs médicaux 110
Les soins dentaires 110
Les bébés et les enfants........ 111
Les vêtements 111
La vaisselle 111
Les lingettes........ 112
Les jouets........ 112

BIBLIOGRAPHIE 115

LES PRINCIPAUX PERTURBATEURS
ENDOCRINIENS CONNUS........ 119

DANS LA MÊME COLLECTION

FLORENCE BURGAT, 2015.
La Cause des animaux, pour un destin commun.

PIERRE ATHANAZE, 2015.
Le Retour du sauvage.

JEAN-MARC MORICEAU, 2015.
Le Loup en question.

Illustration de la page 32 :
Vincent Landrin

CET OUVRAGE
A ÉTÉ COMPOSÉ
PAR NORD COMPO
ET ACHEVÉ D'IMPRIMER
PAR L' IMPRIMERIE CHIRAT
À SAINT-JUST-LA-PENDUE 42540
EN FÉVRIER 2015

Dépôt légal : mars 2015
Imprimé en France

Nos ouvrages sont publiés selon un cahier des charges respectueux de l'environnement et avec les objectifs suivants :

- utiliser des papiers recyclés ou dont les fibres de bois proviennent de forêts durablement gérées ;
- travailler avec des imprimeurs dont la proximité géographique nous permet de limiter notre empreinte écologique ;
- privilégier le numérique chaque fois que c'est possible (e-book, catalogue, promotion) ;
- réintégrer les retours en stock pour éviter les pilons.

Des choix éco-responsables